国家级一流本科专业建设成果教材

U0876668

JIXIE SHEJI ZHIZAO
JIQI ZIDONGHUA ZHUANYE KECHENG SIZHENG
JIAOXUE ZHINAN

机械设计制造及其自动化专业课程思政教学指南

沈 伟　丁子珊　刘德强　主编

化学工业出版社
·北京·

内容简介

本书根据我国机械类专业人才培养特征和规律，结合机械工程学院机械设计制造及其自动化专业课程思政教学实践，充分挖掘机械设计制造及其自动化专业课程思政教学内涵，尊重专业教学教育规律，构建了机械设计制造及其自动化专业课程思政的运行和考核评价机制，提出了专业课程思政教学指南和教学创新方法。

附录提供了精选教学案例与典型课程教学大纲，具有一定的参考性与实用性。

本书对提高教师课程思政育人能力、促进学校课程思政教育体系建设具有积极意义，适合普通工科研院校机械类、自动化类各专业的教师和学生，以及各类成人高校、自学考试等有关机械类、自动化类的教师和学生作为教材阅读和使用。

图书在版编目（CIP）数据

机械设计制造及其自动化专业课程思政教学指南 / 沈伟，丁子珊，刘德强主编. -- 北京 : 化学工业出版社，2025. 8. --（国家级一流本科专业建设成果教材）.
ISBN 978-7-122-49043-8

Ⅰ. TH; TP271; G641

中国国家版本馆CIP数据核字第2025TH4236号

责任编辑：贾　娜
文字编辑：宋　旋
责任校对：宋　玮
装帧设计：王晓宇

出版发行：化学工业出版社
（北京市东城区青年湖南街13号　邮政编码100011）
印　　装：高教社（天津）印务有限公司
787mm×1092mm　1/16　印张11　字数263千字
2025年12月北京第1版第1次印刷

购书咨询：010-64518888　　售后服务：010-64518899
网　　址：http://www.cip.com.cn
凡购买本书，如有缺损质量问题，本社销售中心负责调换。

定　　价：46.00元　

PREFACE

前言

机械设计制造及其自动化作为典型的工科专业，以实践性强、技术迭代快、产业关联度高为显著特点，强调理论与工程实践的深度融合，培养的人才直接服务于装备制造、高端智造等国家战略领域。在该专业开展课程思政，既是回应“培养什么人、怎样培养人、为谁培养人”的根本问题，也是解决制造业人才“技高德薄”风险的关键。当前，我国正处于制造业转型升级的攻坚期，需要既掌握精湛技术，又具备家国情怀、工匠精神的复合型人才。课程思政能引导学生将个人发展与“制造强国”战略绑定，避免沦为单纯的“技术工具”。经过多年的实践，专业的课程思政工作取得了重要的进展，但也同时存在着以下几个问题：一是思政元素与专业知识“两张皮”，部分教师生硬植入理论，导致学生抵触；二是评价体系不完善，缺乏对思政育人效果的量化考核；三是行业案例更新滞后，难以匹配智能制造等新兴领域的育人需求。本书正是针对以上问题，结合上海理工大学机械设计制造及其自动化专业开展课程思政工作的实践经验，主要围绕课程思政内涵、课程思政的教学理念与目标、课程思政教学体系、课程思政教学实施等方面进行的探索，同时精选了部分课程教学大纲和典型课程思政案例供读者参考。

本书适用于普通工科研院校机械类、自动化类各专业的教师和学生，也适用于各类成人高校、自学考试等有关机械类、自动化类的教师和学生。

本书由上海理工大学沈伟、丁子珊和刘德强任主编，钱炜、丁晓红、姜晨、陈龙、王艳、余慧杰、申慧敏和王新华等参与编写。本书的编写得到了上海理工大学机械工程学院产业学院、上海电气液压气动有限公司、雅科贝思精密机电（上海）

有限公司、上海机床厂有限公司等单位相关教师、工程师、企业管理人员的大力支持和帮助，在此一并致谢。

由于编者水平所限，书中难免有不足和疏漏之处，殷切希望读者批评指正。

编者
2025年8月
于上海

CONTENTS

目录

第1章

概述

高校课程思政建设是落实思想政治教育工作的载体，解决的是“培养什么人、怎样培养人、为谁培养人”这一根本性问题，课程思政建设的成效体现在高校立德树人的具体工作中。教育是国之大计、党之大计。我国是中国共产党领导的社会主义国家，这就决定了我们的教育必须把培养社会主义建设者和接班人作为根本任务。

坚持立德树人，培养德智体美劳全面发展的社会主义建设者和接班人，是教育的根本任务，高校要牢牢把握立德树人这个根本，为党育人、为国育才。围绕课程思政建设，全面推进教学改革，将价值塑造、知识传授和能力培养融入专业课程和学校人才培养体系中，以社会主义核心价值观引导专业知识和能力培养，帮助学生塑造正确的世界观、人生观、价值观，构建课程思政建设的“三全育人”大格局。

高校要高度重视课程思政建设工作，以专业课程为切入点，汇聚一切育人力量，常抓不懈，在久久为功中守正创新，不断提升思政教育质量，努力培养担当民族复兴大任的时代新人，培养德智体美劳全面发展的社会主义建设者和接班人。新时代强调“课程思政”是对教育本质的重识和解蔽，是将教学内容从知识与能力的维度推进到价值维度，回归教育的“初心”。2019 年 9 月，上海市教委在全市高校中实施了“领航计划”，上海理工大学及其机械工程学院分别获批上海市课程思政领航高校和领航学院。

（1）“课程思政”是培养人才的需要

大学是一个培养人才的地方，大学建立了教学楼、实验室、图书馆等教学设施，为大学生搭建了非常好的教学平台，创造了优越的学习环境，大学提供的这种专业教学平台，大学生应该珍惜利用。工科大学是国之重器的摇篮，建设强大的社会主义中国，实现强国梦，首先是培养人才。而人才培养最根本的问题是培养什么人、如何培养人以及为谁培养人等。我们是社会主义大学，我们的大学必须承担起培养社会主义建设者和接班人的历史使命。要完成这一伟大使命，必须扎根中国大地办大学，把为人处世的基本道理、社会主义核心价值观的基本要求和实现民族复兴的伟大理想与责任担当等思政教育内容融入课程教学之中，实现“课程思政”协同育人。

（2）“课程思政”是一种新的思想政治教育观

思想政治教育是指“社会或群体用一定的思想观念、政治观点、道德规范，对其成员施加有目的、有计划、有组织的影响，并促使其自主地接受这种影响，从而形成符合一定社会或一定阶级所需要的思想品德的社会实践活动”。教育是面向人的工程，绝不仅仅是知识的灌输，而是要在知识和技能的培养过程中将某种精神和某种价值观传递给受教育者。“课程思政”开辟了高校思想政治教育的新渠道，它在思政课程这一专门性课程和主渠道之外，充分挖掘各类课程的思想政治教育功能，实现思想政治教育载体的拓展、思想政治教育队伍的扩大、思想政治教育内容的丰富和思想政治教育方法的创新，从而形成一种崭新的思想政治教育观。

（3）课程中思政元素的发掘及其完善

思政元素是开展“课程思政”教学的关键。目前在实施课程思政过程中存在两类问题：一是由于工科教师的学术惯性思维，存在片面追求学科知识的所谓“客观、中立与价值无涉”的情况，认为学科课程应该坚持“绝对的客观”，而不去发掘学科知识所蕴含的精神价值的情况；二是教师试图挖掘思政元素，但无法准确把握学科专业特点，将专业课讲授成思想政治理论课，或者让课程停留在简单的知识传递层面，难以达到知识传授与价值引领同频共振的教学效果。

为此，需要在“大思政”的育人格局下，进行生态重构，实施多维度的思政元素挖掘。发掘学科知识所蕴含的精神价值：从学科的发展中挖掘勇于追求真理的探索精神，从科学发现中挖掘敢于质疑权威的创新精神，从技术发明中挖掘推动社会发展进步的责任意识；从科技创新等专业领域中的先进人物或事迹中体现大情怀，教育引导学生摆正“为学”与“为人”的位置，搞清楚做人、做事、做学问的关系，明白做人做事的基本道理；将社会主义核心价值观有机融合到各门课程的教学中，围绕国家、社会、个人等不同层面进行解读和融入，帮助大学生解决成长过程中出现的理想信念模糊、价值取向扭曲等价值观偏差问题；牢记中华民族伟大复兴的理想与责任，把专业知识传授与中国特色社会主义伟大实践联系起来，与民族复兴的光辉前景与永久奋斗精神结合起来，引导学生跟上新时代，积极追寻实现个人价值与理想抱负的路径平台。

（4）理论教育和实践活动的有机结合及其改进

课程思政既是个理论问题，也是个实践问题。学生的思想水平、政治觉悟、道德品质、文化素养，最终要体现在实际行动中。目前在课堂环节，虽然知识传授过程中融入了思政元素、思政案例，但缺乏多元化考核办法，尤其缺乏将学生的认知、情感、价值观等内容纳入其中的具体措施，难以精准反映学生成长成才情况，无法系统反映知识传授与价值引领的结合程度。

为此，需要做好理论教学与实践教学的相互支撑，在理论教学过程中，运用案例分析、小组讨论、情景模拟等教学方式组织教学，教育引导学生对理论焦点和社会热点问题进行分析和讨论，通过课内实践教学充分激发学生的自主学习能力，增强学生学习的自觉性和自信心；在理论教学以外，设置相应的实践活动，组织学生在课外开展考察、调研、专业实习、社会服务等与自己成长成才密切相关的实践活动，以调动学生自我教育的热情，强化课内学到的理论知识，提高知识运用能力。在理论与实践环节中，应当紧扣教育的本质和初心，强化实践育人，提高实践教学比重，完善产学合作协同育人模式，建立专业实践育人基地，将显性教育与隐性教育有机结合在一起，使课堂所学不仅装在脑袋里，更落实到行动上，以达到以知促行、以行求知、知行合一的目标要求，实现学生对专业知识与价值引领的知情意行合一。

（5）课程思政元素挖掘“同质化”问题及其对策

高校专业课教师在进行课程思政教学时，针对每一门课程特有的育人元素，充分挖掘“课程思政”元素，将思政教学内容融入各自的专业课教学过程中，创新课程思政教学方法，丰富课堂教学内容，使学生在认知上对教学内容产生认同，循序渐进地提高学生的思政素养。但在具体专业课程中挖掘思政元素时，容易形成“同质化”的倾向，把“思政元素”和“价值引领”都归结为爱国和奉献，每门专业课都这样强调的话，会引起学生的反感，起到相反的作用。因此，应对课程思政元素的挖掘和价值引领进行系统设计，统一规划，紧紧围绕坚定学生理想信念，以爱党、爱国、爱社会主义为主线，围绕政治认同、家国情怀、文化素养、宪法法治意识、道德修养等重点优化课程思政内容，系统进行中国特色社会主义和中国梦教育、社会主义核心价值观教育、法治教育、劳动教育、心理健康教育、中华优秀传统文化教育。特别对于工学类专业课程，要注重强化学生工程伦理教育，培养学生精益求精的工匠精神，激发学生科技报国的家国情怀和使命担当。教师要根据各门专业课程的特点，挖掘不同的思政元素，避免“同质化”倾向。

学校“课程思政”建设实践表明，高校要坚持以习近平新时代中国特色社会主义思想为指导，切实贯彻习近平总书记在全国高校思想政治工作会议和全国教育工作会议上的重要指示，并将其融入“课程思政”协同育人机制中，坚持把立德树人作为根本任务，坚持以人民为中心发展教育，在实践中不断健全完善这一“机制”，就一定能实现教育的改革创新。当然，“课程思政”作为一项系统工程，目前尚处在起步阶段，我们的探索也刚刚开始，需要不断深入探究“课程思政”教学规律，全面加强体系化、规范化建设，科学实施考核评估与效果评价等工作。只要我们“不忘初心、牢记使命”，坚定方向，把“课程思政”协同育人机制作为使命来履行，就一定能不断完善这一“机制”，落实好立德树人根本任务。

本书在遵循我国机械类专业人才培养特征和规律的基础上，结合上海理工大学机械工程学院机械设计制造及其自动化专业课程思政教学实践，充分挖掘机械设计制造及其自动化专业课程思政教学内涵，尊重专业教学教育规律，构建了机械设计制造及其自动化专业课程思政的运行和考核评价机制。

第2章

专业课程思政教学指南

2.1

课程思政的内涵

2.1.1 国家层面对课程思政内涵的建设与发展

新时代，在人民美好生活已经得到有效保障的情况下，提高教育水平成为人们追求的新目标，而思想政治理论课在我国教育中具有举足轻重的地位。党的十八大以来，习近平总书记对高校思想政治工作作出了一系列重要指示，强调思想政治教育事关培养什么人、如何培养人以及为谁培养人这个根本问题，要坚持把立德树人作为教育的中心环节，要将思想政治教育贯穿人才培养体系。

“课程思政”最早是由上海市教委于2014年提出的，指出它是一个需要在实践中落实的任务。习近平总书记多次发表关于“立德树人”的重要讲话，这不仅为全面推动课程思政建设指明了方向，也为全面推动课程思政建设提供了基本的遵循依据，其核心思想就是要强调教育立德树人根本任务和思政工作的极端重要性。在这一过程中，课程思政的思想内涵和价值引领得以丰富与深化。

新时代全面推进高校课程思政建设，不仅是落实“立德树人”这一根本任务的必由之路，也是全面提升高校人才培养质量的重要途径。为此，中共中央办公厅、国务院办公厅和教育部先后出台了一系列文件，对高校思想政治教育工作进行全方位、系统化的设计和部署。

2017年2月，中共中央、国务院印发了《关于加强和改进新形势下高校思想政治工作的意见》，强调了“要强化思想理论教育和价值引领”。同年12月，教育部印发的《高校思想政治工作质量提升工程实施纲要》中明确强调：“十大”育人体系，特别是将“课程育人”放在首位，充分发挥中国特色社会主义教育的育人优势，将思想政治教育与专业课有机融合。这是“课程思政”概念首次以教育部文件的形式被正式提出来，也是首次从国家层面提出要将思想政治教育理念贯穿于整个课程之中。2018年3月，课程思政内容被列入《教育部思想政治工作司2018年工作要点》，同年9月，教育部颁发的《关于加快建设高水平本科教育全面提高人才培养能力的意见》，要求高校“强化课程思政和专业思政。在构建全员、全程、全方位‘三全育人’大格局过程中，着力推动高校全面加强课程思政建设，做好整体设计，根据不同专业人才培养特点和专业能力素质要求，科学合理地设计思想政治教育内容。强化每一位教师的立德树人意识，在每一门课程中有机融入思想政治教育元素，推出一批育人效果显著的精品专业课程，打造一批课程思政示范课堂，选树一批课程思政优秀教师，形成专业课教学与思想政治理论教学紧密结合、同向同行的育人格局。”2019年8月和2020年4月，中共中央办公厅、国务院办公厅以及教育部等八部门相继颁布了《关于深化新时代学校思想政治理论课改革创新的若干意见》和《关于加快构建高校思想政治工作体系的意见》，明确提出要从整体和全面层面上推进高校所有学科课程思政建设，统筹课程思政与思政课程建设，解决好各类课程与思政课相互配合的问题，构建全面覆盖、类型丰富、层次递进、相互支撑的课程体系，使各类课程与思政课同向同行，形成协同效应。2020年6月，教育部颁发的《高等学校课程思政建设指导纲要》中指出，不仅要“全面推进课程思政建设”，还要根据学科特点“分类推进课程思政建设”，对当前高校课程思政建设做出一系列工作安排，在思想政治教育、学科专业建设、教师队伍培训、教学评估评价等工作中进行综合改革、重点部署，拉开了全面推进高校课程思政建设的大幕，这既对高校课程思政建设提出了新要求，更为课程思政的进一步发展提供了有力的支持。自此，课程思政在高校思想政治工作中成为一个热点话题。因此，理解和把握新时代课程思政的内涵，对于充分发挥各类课程的思想政治教育功能，推动课程思政与思政课程同向同行，培养德智体美劳全面发展的社会主义建设者和接班人，满足人民对美好生活的需要，实现中华民族伟大复兴的中国梦具有十分重要的意义。

2.1.2 专家学者层面对课程思政内涵的解读与挖掘

随着人们对“课程思政”认识的转变，学界围绕“课程思政”的相关理论内涵和实践经历开展了较为翔实的研究。大体来说，关于课程思政内涵本质的界定，学界从认识与实践两个层面进行梳理，主要从六个出发点界定课程思政的内涵。

（1）课程思政是一类课程，将课程思政看作与思政课程同位的概念

做好高校思想政治工作，要因事而化、因时而进、因势而新。上海大学马克思主义学院教授邱仁富认为，“课程思政”唯有与“思政课程”保持“同向”，才能为“同行”创造条件，最终实现结伴同行，形成协同效应。“课程思政”与“思政课程”同向同行要着力把握以下几点：在“同向”方面，要解决政治方向的一致性问题、育人方向的一致性问题、文化认同的统一性问题；在“同行”方面，要解决步调一致、相互补充、相互促进、共享发展的问题。要正确处理“同向”与“同行”的辩证关系，“同向”是“同行”的前提，“同行”是“同向”的目的。

（2）课程思政是一种教育理念，包括课程设置的理念和思政教育的理念

华东师范大学教授邱伟光认为，“课程思政”指向一种新的思想政治工作理念，即“课程承载思政”与“思政寓于课程”。这一理念注重在价值传播中凝聚知识底蕴，在知识传播中强调价值引领，注重课堂教学、社会实践、网络运用三维课程的统一。上海市思想政治工作研究会副会长高德毅认为，课程思政实质是一种课程观，不是增开一门课，也不是增设一项活动，而是将高校思想政治教育融入课程教学改革的各环节、各方面，实现立德树人、润物无声。围绕“知识传授与价值引领相结合”的课程目标，将高校课程分为显性思政和隐性思政两大类别，其中显性思政课程指高校思想政治理论课，隐性思政课程包含综合素养课程（通识教育课程、公共基础课程）和专业教育课程，既要牢牢把握思想政治理论课在社会主义核心价值观教育中的核心地位，又要充分发挥其他所有课程的育人价值，构建思想政治理论课、综合素养课程、专业课程三位一体的高校思想政治理论教育课程体系，突出显性教育和隐性教育相融通。

（3）课程思政是一种思想政治教育方法

何玉海从“课程论”的视域展开了对“课程思政”的界定，它是通过各种“隐性课程”和“显性课程”的运作而全方位、全过程地展开思想政治教育的活动与过程。“课程思政”既要依赖于各门课程全方位的配合，又要全体教师和学生的积极参与，还要达到对学生的德智体美劳的全方位的影响，更是一个终身学习和教育的过程。

（4）课程思政是含有思想政治教育目标的教学体系

思想政治教育是落实立德树人根本任务的重要手段。“立德树人在实践中就要着眼人才培养这一中心环节和根本任务，把思想政治工作贯穿教育教学全过程，自觉地和青年学生的业务能力、科学知识、身心健康、人生发展的需要有机结合，融为一体。”上海市高校思想政治理论课教学协调组组长忻平教授在课程思政教育教学改革专家咨询研讨会上指出：“课程思政不仅仅是思政课的延伸，而是要将思政元素有机融入各类课程中，实现全员、全程、全方位育人。教师需要从课程设计到教学实施，始终贯穿思政教育的理念。”

（5）课程思政是借助专业课和通识课而进行的一种思政教育实践活动

要确保参与课程思政建设的专业课、通识课等其他课程与思政课程同向发力，不削减、削弱思政课程。湖北经济学院教授赵继伟认为，当前对于课程思政的理解，在一定程度上出现了“泛化”的趋势，相反地，课程思政应该是有边界的，不应该泛化，不是所有课程都适合“嵌入”思政内容，而应致力于按照方向性原则、系统性原则以及求实性原则的要求，逐步实现建设目标。当前对专业课、通识课与思政课程同向同行的要求还未完全实现的情况下，最可行的办法是将思政类选修课打造成“金课”，既使之成为思政课程的试验区，为提升思政课教学质量服务，又可以对其他课程发挥育人功能起到示范带动作用。这就要致力于将习近平新时代中国特色社会主义思想作为课程主题，围绕这一主题将教学内容予以重组，以小的切入点讲大问题，避免泛泛而论，避免宏大叙事，避免空洞无力。

（6）课程思政是理念、方法、实践等多重概念的组合

上海师范大学教授何玉海认为，“课程思政”是“饱含着科学的教育理念的思想政治教育方法”，这里的“方法”才是中心词。也就是说，必须旗帜鲜明地把“课程思政”作为方法来实施；而把“课程思政”看成课程，或仅仅视为理念，有可能会使“课程思政”误入歧途，或无所适从。上海大学顾晓英教授认为，课程思政丰富与拓展了高校思想政治教育的内涵和外延，高校思想政治教育可拓展至所有课程，内容延伸为全方位思政内容体系，各类各门课程将思政育人目标贯穿于各类课程教育的全过程，让各学科教学最终回归到“育人”本真，以课程本体认识为突破口，以所教课程的知识为载体，将体现时代特征的思政内容蕴含在丰富的学科知识及课程体系中，提升大学生的政治认同和文化自信。它突破了思政教育过于集中于思政课的瓶颈，缓解思政课的“孤岛化”困境，挖掘每一门课程内蕴的独特思政价值，让学生的政治成长与知识增长相辅相成。课程思政致力于多环节拓宽思政教育渠道，可吸引多部门各类人员参与，让思政教育更宽广。

2.1.3 课程思政的本质特征

课程思政，即将思想政治教育元素，包括思想政治教育的理论知识、价值理念以及精神追求等融入各门课程中去，潜移默化地对学生的思想意识、行为举止产生影响。课程思政的内涵与外延涉及面很广，在一定意义上是相对于思政课程来说的。因此，想要明确“课程思政”这一概念，首先要厘清“课程思政”与“思想政治教育”的关系，从而弄清楚“课程思政”与“思想政治教育”的区别所在。思想政治教育作为社会实践活动，是指一定的阶级、政党、社会群体用一定的思想观念、政治观点、道德规范，对其成员施加有目的、有计划、有组织

的影响，使他们形成符合一定社会或一定阶级所需要的思想品德的社会实践活动。它包含思想教育、政治教育、道德教育等，不以人们的意志为转移，即使名称不同，但都普遍而客观地存在于一切国家和历史的发展中。高校思想政治教育是一项铸魂工程，事关中国高等教育事业发展的未来，事关大学生发展的未来，事关中国特色社会主义事业和中华民族发展的未来。“思政课程”具有不可替代性，但是，“思政课程”作为一种课程体系总有其边界，尚存在有待提升的地方。由于“思政课程”的特殊性,“思政课程”在育人方面，更强调政治属性，强调马克思主义的真理性、科学性，强调中国特色社会主义的实践性、真理性。随着现代社会的发展，现代复杂性社会需要从思维方式、创新能力等方面重新审视社会发展的脉搏，同样，也需要从这个角度去审视“思政课程”本身。“课程思政”能够很好地弥补“思政课程”的不足之处。课程思政作为思想政治教育的具体类型，其实一直都存在着，只是在把握思想政治教育的过程中忽略了它存在的特殊性，即课程思政并不是一个崭新的事物。思想上认清并重视思政课教学，就能较好地理解“课程思政”的价值和意义。

（1）课程思政的本质是立德树人

课程思政作为一种教育理念，是高校推进课程思政建设、全面深化高等教育综合改革、提升教育教学质量的现实需要。它是新时代高校反思教育意识形态属性与挖掘课程德育功能的一种理念与实践的探索，是高校课程建设的一次有着更高要求的自我革新。推进课程思政建设，深度挖掘各门课程中蕴含的思政元素与德育资源，是学校将立德树人根本任务落实、落细、落小的一项重要举措。课程思政在本质上是一种教育，目的是实现立德树人。我们党历来高度重视学校德育工作和思想政治工作，探索形成了一系列教育方针、原则，为培养什么样的人、如何培养人以及为谁培养人提供了基本的工作遵循。但是，“课程思政”被部分人狭义地理解为思想政治工作，甚至是在学科专业课程中讲马克思主义理论，以至于很多专业课教师对课程思政望而却步。其实，课程思政是要将思想政治教育融入其他课程教育，不管是作为具体的思想政治教育还是作为宏观的教育而言，只要以爱党、爱国、爱社会主义、爱人民、爱集体为主线，围绕坚定学生理想信念，对学生进行政治认同教育、国家情怀涵养、文化素养熏陶、宪法法治意识培育、道德情操培养等都属课程思政的范畴，它都是为了实现立德树人。课程思政始终坚持以德立身、以德立学、以德施教，注重加强对学生的世界观、人生观和价值观的教育，传承和创新中华优秀传统文化，积极引导当代学生树立正确的国家观、民族观、历史观、文化观，从而为社会培养更多德智体美劳全面发展的人才，为中国特色社会主义事业培养合格的建设者和可靠的接班人。

（2）课程思政的理念是协同育人

课程思政作为一种工作格局被不断推广和深化，有助于形成全员全程全方位育人、协同育人的大思政工作格局。“课程思政”这一概念立足于新时代背景，赋予了教育观、知识观和课程观新的内涵，是对这三观全新的认识、凝练以及诠释，使得教育这一事业回归本源，坚持问题导向、目标导向、结果导向。从本质上来看，课程思政是对教育进行的一场课程改革。课程思政自提出伊始就是为了促进各类专业课程与思想政治理论课有机融合，实现两者的同向同行、协同育人。这一理念在“三全育人”以及“十全育人”中也得到了很好的体现。就我国具体国情以及中国特色社会主义教育事业具体情况来看，只有将知识体系教育和思想政治教育有效结合，才能培养我国社会所需的高素质人才。因此，思想政治工作和人才培养必须综合起来，不能变成彼此孤立的“两张皮”。课程思政所追求的正是将思政工作以及人才培养辩证地统一起来，课程思政的落实与普通课程不同，更加注重“挖掘”与“凝练”的过程。因此，课程思政可以很好地让思政元素与专业知识有机结合，彻底消除“两张皮”的现象。课程思政可以同时把握教书育人规律、思想政治工作规律以及学生的成长规律，并在实践中把三者紧密结合起来，以此为基础，把立德树人内化到学校建设和管理的各领域、各方面和各环节，用一流的思想政治教育体系建设引领一流的人才培养体系，使思想政治教育至柔至刚、滋润万物的精神力量融通教师的每一个课堂、贯穿学生的每一步成长，真正在“三全”育人的大思政工作格局中，引人以大道、启人以大智，使学生成长为栋梁之材。

（3）课程思政的结构是立体多元的

人才培养和思想政治工作的有机融合就是要将思想政治工作体系贯穿到学科体系、教学体系、教材体系、管理体系等人才培养体系的分支当中去。“三全育人”的大思政工作格局要求将思想政治工作作为各个高校开展各项工作的生命线，鼓励高校内所有教职工在学生发展的每个阶段充分发挥不同领域内的知识传授功能、价值塑造功能以及能力培养职责。就目前看来，我国高校在对青年人的培养过程中，由于各种因素的影响，或多或少地存在着将知识传授、价值塑造以及能力培养这三者割裂开来的情况，而课程思政这一概念的提出与落实带来了教育结构的变化，从某种程度上来说，可以有效地将这三者重新统一。从教师日常工作角度来说，除了要坚守课堂作为教书育人的主要阵地，还需要不断探索正确的教育方式，深入到学生个人日常生活当中去，切身感受学生在学习、生活实践方面存在的困惑以及面临的难题，并以“领路人”的身份给予他们正确的指导，对其产生积极的影响。同时，在理性化的社会中，感性必须和理性结合、感性体验必须和知性认识结合起来，才有可能真正使某种价值观念得到深入、稳定、持久的理解和认同。因此，课程思政也要求向学生传授普遍的、客观的知识，进一步提高他们的理性认知能力和水平，以促进其默会知识的提升和转化。而言传知识与默会知识，或者说知识传授与心灵成长、价值塑造和能力提升之间的互动，恰恰是课程思政所要达到的目的。

（4）课程思政的方法是显隐结合

习近平总书记在学校思想政治理论课教师座谈会上提出，坚持显性教育和隐性教育相统一。显性思政指的是应当充分发挥思想政治理论课在价值引领中的核心地位。高校思想政治理论课是对大学生系统开展中国特色社会主义理论体系教育的课程，是社会主义大学的优势所在，应该是高校所有人才培养的核心课程。隐性思政指的是使各类课程与思想政治理论课同向同行。实施“课程思政”，既要强化显性思政，又要细化隐性思政（综合素养课程和专业教育课程），发掘高校所有课程思想政治教育资源，突破思想政治教育过于集中于“点”“线”的瓶颈，把思想政治理论教育与专业教育变为一个协调同步、相得益彰的过程。课程思政所要实现的目标就是通过显性教育与隐性教育的有机结合，充分发挥教育事业教书育人的基础性作用，最终实现学生的全面发展。在这一目标得以实现的过程中，离不开课程思政的践行。课程思政将政治认同、人格养成、文化自信、国家意识等思想政治因素与各类专业课程中的知识传授、技能培养进行有机融合，从根本上来说，亦即深化了课程目标、内容、结构、模式等方面的改革。课程思政的核心抓手是课程建设，课程建设有两条线：一条线是学科专业知识的明线；另一条线是课程思政教育的暗线。在传统的教学过程中，学生通过学校安排的各门专业学科可以实现专业技能的养成以及综合素养的提高，这些收获对于学生来说是可以切实感知到的，而课程思政对于“三观”的引领和培养就蕴藏在专业学科所教授的理论知识以及能力素质背后，这就是将课程思政称为“隐性教育”的缘由。必须充分发挥课程思政的“隐性”育人功能，通过课程内容素材的精心选取和系统编排、教育教学方法的系统搭配和科学使用、课堂教育教学的艺术实施和精彩呈现、教师课上课下的用心投入和倾情演绎，将其有机地融入专业学科的日常教学中，如盐在水，潜移默化，润物无声。课程思政教育就像魔术师变魔术一样，学生能够明确看到、感受到的是显性的学科专业知识，潜移默化受影响和洗礼的是教师在课程背后精心设计的“三观”教育——课程思政。聚焦课程建设和教学活动，改变了课程教学以知识传授为主要目的的原有路向，使思想政治教育融入教育教学的各个要素之中，就像盐溶于水，无形无色却又无处不在，填补了专业课程教学在育人环节上的空白，打通了学校思想政治教育的“最后一公里”，从而使全面协同育人落实到细微之处。

（5）课程思政的思维是科学创新

习近平总书记在系列重要讲话中提到的盐的隐喻，以及“融入式、嵌入式、渗入式”“坚持显性教育与隐性教育相结合”等重要论述，都是对“三全育人”大思政格局下课程思政建设途径方法创新的指导。当前，仍有较多难题摆在落实“课程思政”这一举措面前，其中较为主要的就是要解决“两张皮”和“担忧心理”等现实问题。在全国高校思想政治工作会议上，习近平总书记提出了提高学生思想政治素质的明确要求，即“四个正确认识”，其要义就在于要学会用正确的立场、观点和方法分析问题，把学习、观察、实践同思考紧密结合起来，善于把握历史和时代的发展方向，把握社会的主流和支流、现象和本质，养成历史思维、辩证思维、系统思维和创新思维。当前我国正处在历史的交汇点，同时面临着非常复杂的国际形势，如果无法用科学理性的思维方式去看待事物、把握时局，无法站在辩证唯物主义和历史唯物主义的立场去辨别事物，就很容易被各种各样的国际社会意识形态所侵蚀。为此，我国的教育事业必须顶住压力，承担起为学生构筑牢固的思想防线的重任。要想防范各种错误以及诱惑性言论对广大青年人造成的危害，就需要不断在各门课程中进行深刻的思想教育，不断推进课程思政的落地、落实、落细。更进一步来看，课程思政所展现的创新思维体现在它强调在思想政治理论课以外的课程中融入思想政治教育，这是以前的思想政治教育未曾关注的。而且在课程思政建设的具体过程中，也更需要创新思维，以新思维催生新思路，以新思路谋求新发展，以新发展推动新方法，以新方法解决新问题，实现课程思政的创新发展。

2.1.4 课程思政的价值意蕴

（1）课程思政是提高新时代青年人综合素养的有效举措

“立德树人”是所有课程教学和所有教育工作者的神圣使命，不仅应纳入思政课程的教学内容，而且应成为所有课程的教学要旨，不仅是思政课教师责无旁贷的岗位责任，也是专业课教师和通识课教师的神圣职责。在课程知识教学中挖掘的第一要素是“道德”元素，在教师言传身教中培养学生较高的道德素养和人格品质。立德树人作为教育的根本任务，其效果的好坏在很大程度上决定着高校培养的一代代青年人的质量，高校在课程知识、理论、技能传授过程中很好地进行德育是学生实现全面发展的重要前提。同时，在课程教学中挖掘的另一要素是“人文素养”元素，其中核心是人文精神，即对人类生存意义和价值的关怀。对学生进行人文素养方面内容的教育可以使课本中生硬的知识更加鲜活，可以使课堂上传统的授课方式更加生动，让学生从中切实地感受到在学校中所学到的专业知识、技能是提高自身综合素养的关键所在，也是符合时代发展潮流所需。此外，挖掘课程教学中的“价值引领”要素，可以引导学生树立正确的价值追求，激发起学生的使命担当，使其在受到良好的教育之后，有不断提高本领、努力报效国家的行动自觉。“课程思政”践行的就是“立德树人”，帮助学生树立正确的“三观”，从而为我国社会培养出全面发展的优秀青年人才。这对于高校教师以及高校本身而言都有着非常重要的意义，在很大程度上体现了高校教师的社会价值，也决定了高校的未来的发展前景。

（2）课程思政是彰显中国特色社会主义大学特征的重要内容

中华民族伟大复兴和中国特色社会主义新时代发展，是办好中国特色社会主义大学的最具决定性的时代背景。现如今，我国的高等教育体系不断完善，高等教育能力不断提高，对推动当代中国经济社会发展发挥了不可替代的重大作用。但是，这些成绩与实现中华民族伟大复兴艰巨任务的远大目标相比、与经济发展方式根本转变过程中对创新的需求相比，还有非常大的差距。课程思政的提出与落实，可以全面提高新时代青年人的思想道德水平和价值追求，课程思政体现了中国特色的理论，不仅推动了专业课程的理论创新和发展，还体现了精神育人的课程建设理论，将中国精神润物无声地传送到学生的脑中，形成独有的课程发展观，是具有中国特色的课程论。思想政治工作是我们党的优势，是中国特色社会主义取得成功的一个关键因素。中国特色社会主义大学的人才培养，需要社会主义核心价值观的教育，而高校思想政治工作则是培育和践行社会主义核心价值观的重要内容和手段，也是办好中国特色社会主义大学的重要保障，更是人才培养过程中坚持正确政治方向的关键环节。课程思政的提出和其生命力所在，就在于它能满足我们建设中国特色社会主义的现实需要，是巩固马克思主义在高校意识形态指导地位的重要举措，是坚持社会主义办学方向的重要阵地，是全面贯彻党的教育方针、落实立德树人根本任务的主干渠道，是进行社会主义核心价值观教育，帮助大学生树立正确世界观、人生观、价值观的重要载体。与此同时，课程思政的提出与落实可以丰富教学内容，让学科内容更具深度；可以创新教学方法，让课堂氛围更有温度；可以提升教学效果，让思政教育更有力度。将课程思政融入传统的课程模式当中，通过丰富教学内容、创新教育方法，在统筹规划中提高思想政治教育的实效；通过在课程教学中系统性、连续性地渗透思政内容，拓宽思政教育传播渠道，在知识传授与价值引领的统一中让思政教育更有力度，从而为中国特色社会主义高等教育的建设与发展服务。

（3）课程思政是培养德智体美劳全面发展的社会主义建设者和接班人的现实需要

推进课程思政改革，创新高校“育人”的观念体系和课程体系，引导大学生将个人价值与社会主流价值相结合，成为当下提高大学生综合素质的重要内容。我国高校以及高校中的广大教师承担着培育新时代优秀青年的重大责任，高校需要认真研究和分析大学生的思想和心理状况，切实加强大学生思想教育，推进“全课程”思想政治教育主渠道建设，拓宽思想政治教育教学载体，这也是推动大学生个人全面发展的迫切需要。

（4）课程思政是保障“全员全程全方位育人”实现的必然选择

“课程思政”这一重要举措在高校的落实、推广，离不开学校营造的良好氛围及其制定的合理的制度保障，这是一个需要综合考虑并确保各方因素都满足客观要求的过程。推进课程思政的改革，关键在于秉持“全员全程全方位育人”理念。高校应该积极开展“课程思政”理念相关的宣传与教学活动，帮助教师更好地理解“课程思政”的文化内涵，同时还需要鼓励教师团队深入研究并实践总结日常授课的方式方法，通过教学设计来更好地把握大学生的思想状态，鼓励校内行政部门与院系进行协同联动，加快推进“课程思政”落地的进程，为构建更高水平的人才培养体系夯实基础。极大地调动各个环节、各种力量参与育人过程，形成育人的“合唱”和“交响乐”，极大地推动学科育人创新化和科学化的进程。课程思政不是简单地将思政元素生硬地加入部分专业课程当中，而是需要深入挖掘隐藏在各门专业课背后的思政教育资源，使得专业课、通识课与思政课同向同行，通过课堂这个教书育人的主要渠道，共同发挥思政教育的作用。这有效解决了“两张皮”的问题，保证了大学生思想政治教育目标的顺利实现。

2.1.5　课程思政建设的主要原则

从“专业课程”走向“课程思政”不能“一刀切”，也不能“急行军”，而必须遵循其中的基本原则。在清楚地认识到“课程思政”的内涵之后，必须认识、把握和运用课程思政应当坚持的原则，才能保证课程思政建设的顺利进行并取得切实有效的成果。

（1）课程思政建设必须提升教师队伍思政水平

教师承担着为我国社会培养高质量优秀人才的重要责任，是教书育人的主力军。教师队伍的质量水平在很大程度上决定了课程思政在高校落实与推进的情况，深挖每门课程背后蕴含的思想政治教育资源、明确“课程思政”的价值意蕴，是高校教师履行教书育人职责的重要前提和保障。现如今，就各高校推进“课程思政”的情况来看，“标签化”“功利化”的现象较为严重。部分教师为了在“课程思政”潮流中出风头，甚至为了获取现实利益，在没有深刻领会“课程思政”理念本质的前提下，象征性地在自己教授的课程中添加几条关于德育的相关内容，并未考虑此类课程能否对学生真正起到思想政治教育的作用。这种形式主义的、急功近利的“课程思政”不仅不能增强思政效果，反而扰乱了教学计划、教师阵脚和学生心神，其对于达成“立德树人”目标和促进学生健康成长有百害而无一利。由此看来，对于高校教师的培养与教育在课程思政建设中居于统领地位。首先，教师要有足够的自觉，主动学习习近平总书记关于思想政治工作、思政课建设、教育的重要论述，做到常学、常新、常深，不断提高对课程思政建设重要性的认识，能够站在培养社会主义建设者和接班人的高度，从落实立德树人根本任务的关键环节和战略举措的角度来看待课程思政。要认识到课程思政不是专业课程建设之外的东西，而是专业课程教育教学的有机组成部分，不是教师本分之外的工作，而是分内之事；学校开展课程思政建设，不是搞运动，也不是搞活动，而是日常的、基础性的工作，需要绵绵用力、久久为功。其次，教师对自己挖掘出来的专业课程中的思想政治教育元素，自己的内心要受触动、有感动。只有真正感染了自己，才有可能在授课的过程中通过把这些元素有机融入课堂中以打动学生，对学生“三观”的养成产生积极的影响。此外，教师还应该以身作则，以己示范，为人师表，做学生的道德表率，以卓越的品行、高尚的师德影响学生。开展课程思政，教师必须把教书育人和自我修养结合起来，做到以德立身、以德立学、以德施教。教师要做到襟怀坦荡、表里如一，自己课上讲的与课下说的相一致，自己线上说的与线下说的相一致，自己对学生讲的与对自己孩子讲的相一致，自己说的与自己做的相一致。这样才能更好地担当起学生健康成长的指导者和引路人的责任。

（2）课程思政建设必须做到有机融入

从思政课程向课程思政拓展，是坚持和发展中国特色社会主义的必然要求，是充分挖掘与有效发挥所有课程的育人功能，并使思想政治教育工作由点及面、覆盖所有学科课程，优化思想政治教育供给，构建多视角立体式的全方位育人大格局，实现全员、全程、全方位育人的重要举措。课程思政不是把思想政治理论课的内容简单照搬到其他课程中，不是专业课的“思政化”，思政课和专业课各有各的体系、各有各的内容。在从思政课程向课程思政拓展的过程中，要特别注意科学认识课程思政的内涵，辩证看待“变”与“不变”的关系。“变”的是教育实践的方式与途径，“不变”的是立德树人的教育理念，这是高校教育的根本指向，这就要求我们首先要把握好“变”与“不变”的辩证统一。课程思政是对专业课内容的重新挖掘、梳理和认识，将挖掘出的育人元素随各类专业课程内容有机融入，不能生搬硬套，在专业课上强行加入思政课的内容，干思政课教师的活，替代思政课教师的工作。所谓有机融入，就是春风化雨，润物无声，像盐慢慢溶入水中那样滋润学生的心灵。对专业教学内容进行通盘规划、合理布局，将专业知识与思想政治教育元素进行有效整合，在课堂教学中通过隐性教育的方式传递知识所承载的价值观，从而使各类课程与思政课程同向同行。

（3）课程思政建设必须保证“三全育人”

“三全育人”是党的十八大以来党和国家加强和改进学校思想政治工作的重要目标任务。习近平总书记在全国高校思想政治工作会议中提出了全员、全程、全方位的“三全育人”要求。课程思政有助于提高学生的思想道德水平，帮助学生树立正确的“三观”，是高校思想政治工作的重要内容，因此课程思政也应当遵循“三全育人”这一重要原则。学校在全局性规划中落实和体现课程思政，要坚持全面贯彻党的教育方针，在各个层面牢固确立“三全育人”观念；要明确课程思政建设是全校各单位、各部门的共同责任，是一项系统性工程，纵向需要层层激发动力、形成共识，横向需要多部门协同配合、互相支持，形成“学校党委统一全面领导、党委宣传部或教务处牵头抓总、院系具体推进落实、各部门密切协同、教师主体作用充分发挥”的工作格局。具体来说，在课程教学层面上，可以建立以不同课程为单位的思政课程组，充分尊重不同专业的各自特点，明确本门课程的课程思政元素以及思政元素的融入点、课程思政的重点和难点、课程思政的设计与教学方法；在学生层面上，可以完善思政教育学生反馈渠道，充分听取学生对专业课“课程思政”内容与形式的意见建议，完善学生反馈渠道，以学生为中心不断改进课程思政教学效果，增强思政教育的有效性；在教师层面上，应当健全课程思政评价体系，结合德育成效的潜在性、综合性、发展性特征，健全考评体系和机制，制定可操作的定性、定量指标，将专业课教学中思想政治教育的开发和实施效果作为衡量教师教学水平的标准之一。“课程思政”是一个系统工程，需要政府、高校、教师等全方位的通力合作，共同完成。课程思政需要的是坚持实事求是的态度，经过深入细致的研究论证，充分挖掘包括地方、校本、课程、师资等多方面资源，规划出符合学生实际情况以及学校办学特色的“课程思政”。总之，课程思政在推动学生思想政治教育成效不断提高的同时还需要充分考虑“三全育人”这一要求，最终营造良好的育人局面。

（4）课程思政建设必须做到协同创新

高校立德树人是一个艰巨而复杂的工程，需要各门课程合力而为。思想政治理论课是直接地进行思想政治教育，起核心作用，发挥主阵地、主渠道作用。思想政治理论课是对马克思主义理论基本知识的掌握和运用，同时也要引领其他哲学社会科学学科共同发展。但是，思政课程在育人方面仍然存在局限性，这就需要“课程思政”来潜移默化地进行思想政治教育，起到协同作用。课程思政与思政课程的协同不是把两者简单地归为一体，使其同质化，也不是“大水漫灌”，而是“精准滴灌”，需要事前的科学调查研究，做到有的放矢。是要处理好课程思政与其他课程，特别是思政课程教学内容的关系，不能动摇思政课程在高校思想政治教育体系中的“核心课程”地位。在深入分析思政课程在立德树人方面呈现出来的不足之后，厘清课程思政的优势所在，充分探索“课程思政”的成长性空间，切实增强“课程思政”的针对性和实效性。专业思政要突出对不同专业学生发展核心素养的总体要求，体现专业思政的规定性；课程思政要突出思政元素挖掘和有机融入，体现课程思政的基础性。专业所开设的课程要根据专业思政要求积极开展课程思政，既要体现专业思政对课程思政的规划引领性，又要保持课程思政自身的相对独立性和教师的自主性。无论是思政课程还是课程思政，单枪匹马势必独力难支，协同作战才能有广阔的前景。所有专业都要开展专业思政建设；所有专业课教师都要开展课程思政教学设计，使各门课程都参与立德树人的伟大工程，实现与思政课程的步调一致、相互促进、共同发展，形成一个完整的课程育人体系，最终实现人才培养全过程中的知识传授、能力培养和价值引领的有机统一。

2.2 课程思政的教学理念与目标

立德树人、教书育人是中国特色社会主义教育事业的主旋律。高校作为社会主义建设者的培养主体，要求在本科生教育中不断提升学生的思想素质，坚定其政治立场。专业课作为思想政治教育的“第二课堂”，要做到显性和隐性教育同向同行、润物无声。作为科学、先进的教育教学理念，课程思政倡导高校教师挖掘学科文化中的思想政治教育资源并将其有机融入专业课课堂教学。课堂教学过程中开展思想政治教育工作要拿捏好空间和限度，做到专业知识传授与思想政治教育相得益彰而不偏废。

专业课课程思政是一种育人理念与教育模式的结合体，通过有意识、有计划、有目的地设计教学环节，营造教育氛围，以间接、内隐的方式将倡导的道德规范、思想认识和政治观念有机融入教学过程，并最终将思想政治教育传递给学生，使学生成为符合国家发展要求的合格人才。专业课课程思政是思想政治教育概念的丰富与拓展，同时也是专业课教学实现内涵式提升与发展的路径选择。专业课课程思政本身并不作为一种独立的课程存在，它必须与具体的学科教学内容、环节相融合，才能体现它的人生教化和价值引领意义。

课程思政这种育人理念与教学相结合的教育方式并非首次提出，在中国传统教育中，育人理念就与教育模式有着深度的融合，强调在知识学习过程中，融入道德教育。中华人民共和国成立后，国家十分重视对学生的政治与思想教育工作，并逐步成熟，演化为思想政治工作和德育工作。随着我国教育事业改革不断深入，为应对高校扩招和高等教育的迅速发展给思想政治教育带来的新挑战，学科德育在2016年全国高校思想政治工作会议后，被进一步深化和拓展，专业课课程思政也被正式提出并获得广泛推广。专业课课程思政是对思想政治教育的重要实践，能够强化育人职责，深化学生学习专业知识的底蕴和获得感，对高校坚持社会主义办学方向、确保育人工作贯穿教育教学全过程、实现立德树人的根本要求等有着重要意义。

高校专业课涵盖的丰富的思想教育元素是对大学生进行思政教育的重要工具，提高思政教育与专业课程教学的融合程度，以专业教学，特别是以教学实践环节作为重要教育渠道，不仅能够对大学生进行更为有效的思政教育，还能够深化教育教学改革，拓宽学科应用范围，最大程度发挥专业课程的育人作用。

专业课课程思政具有显著的学科专业特殊性，必须注重专业课教学中践行课程思政的理念所使用的教学方法、依据的原则，立足专业课程的价值定位、教学目标、教学效果、教学内容以及实验实践内容，坚持"育人为本""问题导向"。中共中央教育部于2017年底制定下发了《高校思想政治工作质量提升工程实施纲要》（教党〔2017〕62号），在阐述高校思想政治工作的基本原则这部分内容时，指出新时代高校思想政治工作原则之一是："坚持问题导向，注重精准施策。"聚焦重点任务、重点群体、重点领域、重点区域、薄弱环节，强化优势、补齐短板，加强分类指导、着力因材施教，着力破解高校思想政治工作领域存在的不平衡不充分问题，不断提高师生的获得感。在这一原则的指导下，专业课课程思政更要从自身特点出发，坚持问题导向、坚持知识传授与价值引领相结合、坚持教师善教与学生参与相结合、坚持改革创新与遵循规律相结合。

专业课课程思政以育人为核心目标，贯通专业知识体系和课程的功能，并能真正参与高校育人工作，体现育人价值。在这一导向下，专业课课程与思想政治理论课之间形成协同合作的整体，相互滋养，相互支撑，形成育人合力，共同作用和服务于立德树人这一根本任务。

2.2.1 传统教育育人理念

中华优秀传统文化是中华民族的根与魂，蕴含着最深层的精神追求和独特的精神标识。面对这样一份源远流长的思想文化宝藏，我们"要坚持古为今用、推陈出新，有鉴别地加以对待，有扬弃地予以继承，努力用中华民族创造的一切精神财富来以文化人、以文育人。"我国传统教学过程与育人、价值观树立就有着密不可分的联系。我国的教育史充分说明了这一关联。党的十八大以来，以习近平同志为核心的党中央高度重视中华优秀传统文化所蕴含的深层次精神追求及其传承发展，从国家战略资源的高度继承优秀传统文化，先后印发了《完善中华优秀传统文化教育指导纲要》《关于实施中华优秀传统文化传承发展工程的意见》等重要文件，明确要求要围绕立德树人根本任务，把中华优秀传统文化全方位融入思想道德教育、文化知识教育、艺术体育教育、社会实践教育各环节，并贯穿于国民教育各个阶段、各个领域，使之成为实现"两个一百年"奋斗目标和中华民族伟大复兴中国梦的根本性力量。

《大学》开篇即讲："大学之道，在明明德，在亲民，在止于至善。"中国传统教育向来注重"教育成人"功能的实现。这里"成人"的含义是指成为一个有道德的圣人，明辨是非，知书达理，以极高的道德要求来要求自己。我国古代教育家孔子，注重教学要"进德修业"，即为了达到"进德"的境界而"修业"。"德之不修，学之不讲，闻义不能徙，不善不能改，是吾忧也。”（《论语·述而》）意思是说，品德没有培养，学问没有讲习，知道应该做的事不积极行动，存在不道德的行为不改正，这是教师的忧虑。孔子又说，君子既要“博学于文”，又要“约之以礼”（《论语·雍也》），即在学习文化知识的同时，一定要用“礼”（统治阶级的政治、道德规范）来约束自己。唐代教育家韩愈在《师说》中说：“古之学者必有师。师者，所以传道受业解惑也。”韩愈把教师传道，即教师要用道德伦理育人，放在教师职责的第一位。我国著名教育家陶行知关于教师教书育人有一段名言：“先生不应该专教书，他的责任是教人做人；学生不应该专读书，他的责任是学习人生之道。”

钱穆先生在《中国文化史导论》中提出了独具特色的传统文化演进过程的先秦宗教与哲学时期、汉唐政治与经济时期、宋元明清文学与艺术时期和现代以来科学与工业时期的四期说：“中国文化，表现在中国以往全部历史过程中，除却历史，无从谈文化。我们应从全部历史之客观方面来指陈中国文化之真相。”楼宇烈先生精研儒家、佛家和道教思想，在《中国文化的根本精神》中，对中国文化的根本精神给予了富有创造性的智慧解读，从以人为本、中庸之道、无为而治、择善明用等几个方面还原了传统文化的本怀。张岂之在《中华优秀传统文化的核心理念》中提出了“道法自然”“天人合一”等十二个核心理念，并阐述了其内在含义与时代价值。王东在《中华文明的五次辉煌与文化基因中的五大核心理念》中提出，中华文明最为重要的核心理念是“天人合一的宇宙观——仁者爱人的互主体观——阴阳交合的发展观——兼容并包的文化观——义利统一、以和为贵的价值观。”陆卫明、李红在《中国文化精神与现代社会》一书中，认为人文主义是中华传统文化的核心价值，将以人为本、崇德重义、持中贵和、实践理性为核心精神，创造性地挖掘了传统文化精神价值的六个方面，即治理之道、社会和谐、民主政治、经济发展、精神文明、生态文明。

可以看出，我国学者对中华优秀传统文化蕴含的思想精华与核心理念开展了广泛的研究探讨，并对其中蕴含的丰富的思想政治教育资源进行挖掘和凝练。深刻认识中华优秀传统文化培根铸魂、启智润心的重要意义，将其融入高校思想政治教育，既是落实立德树人根本任务的内在要求，也是开展高校思想政治教育的题中之义，更是传承民族精神血脉、汲取丰厚的历史文化滋养、坚定文化自信、培育新时代全面发展的中国特色社会主义合格建设者和可靠接班人的重要支撑。党和国家高度重视中华传统文化与高校思想政治教育工作的结合，强调加强中华优秀传统文化教育，对于引导青少年学生更加全面准确地认识中华民族的历史传统、文化积淀、基本国情，认清中国特色社会主义的历史必然性，坚定走中国特色社会主义道路，实现中华民族伟大复兴的中国梦的理想信念，具有重大而深远的历史意义。

2.2.2 课程思政育人理念

“课程思政”是一种“大思政”的思想政治教育观，不是一门或一类具体的课程，其思想政治教育功能的实现得益于充分发掘各门课程的思想政治教育资源，通过党政机关、教师以及各科课程来浸润学生，与思想政治理论课同向同行，形成协同效应，以取得所期望的立德树人的思想政治教育效果。在专业课课程思政的实施过程中，一方面，教育者应深入理解二者结合的重要性并有效灌输给学生，从而有的放矢地进行“课程思政”教育；另一方面，教育者应尽力引导教育对象，使双方教与学的活动形成双向互动，这有利于帮助教师及时调整教育方式，提高专业课育人效果。

专业课程注重以技能知识专业化为主要特征开展育人工作。实现专业课的思想政治教育作用，应该做到以下三点：一是根据自然科学和哲学社会科学课程的不同特性，分别挖掘两者蕴含的思政教育资源；二是从教学目标、教学内容和环节、教学策略与方法、教学资源分配等多方面考虑，制定较为完善的试点方案，编写具有相对权威性的教学指南；三是在试点基础上，从贯穿于教学全过程的各个方面提出带有相关建设性意见的方案。

（1）专业课课程思政的施教理念

课程思政是提升专业课教学质量、推进学科建设的重要动力。专业课教学则为课程思政提供了广阔的发展背景和深厚的学科基础，赋予思想政治教育坚实的科学力量，以专业知识体系为载体和底蕴的思想政治教育将更具有说服力、感染力、有效性和针对性。专业课教学可以通过践行课程思政理念来突破原本单一的知识体系传授的局限性，在价值引领中凝练育人底蕴，在知识传授中实现价值升华。专业课课程思政教学过程要注重科学思维和职业素养教育，通过思政育人提升学生在专业课学习中的获得感，才能为社会主义中国科学技术的可持续发展培养合格的后备力量，实现专业价值增量的最大化。

专业课课程思政要围绕“知识传授与价值引领相结合”的课程目标，用好课堂教学主渠道，充分理解课程思政的丰富内涵，深刻把握课程思政的价值意蕴，对培养德才兼备、全面发展的人才具有重要实践意义。通过细化隐性思政，在知识传授中做到价值引领，深化和拓展思想政治教育工作，构建全课程育人格局。中共中央、国务院《关于进一步加强和改进大学生思想政治教育的意见》强调：“高等学校各门课程都具有育人功能，所有教师都负有育人职责。”专业课课程思政的隐性育人与思想政治理论课的显性育人相互渗透，使专业教育与理论教育协调同步、相得益彰，实现学生思想政治教育中的“三全育人”。课程思政以育人为核心目标，贯通学科专业的功能，使得专业课教学能够真正参与高校育人工作。

（2）专业课课程思政的实践准则

专业课课程思政是对传统思想政治教育在观念上的突破、队伍上的扩充、载体上的拓展、内容上的丰富和方法上的创新。通过创新思想政治教育理念，主动转变思路，充分挖掘和充实各类专业课程的思想政治教育资源，促进专业课教学与思想政治教育有机融合，从而扩展思想政治教育内涵及外延，实现全员育人、全过程育人的大思政局面。注重开拓创新，在形散神聚中增强教育教学的吸引力和感染力。专业课课程教学方法通过融合课堂主讲、现场回答、网上互动、课堂反馈等多种教学方式，巧妙地寓社会主义核心价值观的精髓要义于多样化的课堂教学之中，在引人入胜、潜移默化中实现教育目标。

① 课程思政建设的基础在课程：没有好的课程建设，课程思政功能就成为无源之水、无本之木。为此，尊重课程建设规律，强化课程建设管理是课程思政建设的根本基础，在课程导论环节，既要介绍课程的性质、学时、学分、主要内容、学习目标等，也要介绍课程的育人目标。

② 课程思政建设的重点在思政：没有好的思政教育功能，课程教学就会失去灵魂，迷失方向，从而导致课程教学中知识传授、能力培养与价值引领之间的割裂甚至冲突。

③ 课程思政建设的关键在教师：教师是教书育人实施的主体，也是课堂教学的第一责任人，老师要立足自身专业知识，发挥自身专业领域的优势，对思想政治教育具体内容进行深化，及时转变教育观念，不断优化教学内容、创新教学方法，为价值引领提供实践支撑。

④ 课程思政建设的中心在学院：在学院为实体的制度改革下，院系要发挥积极性和主动性，建立起上下贯通、多元参与的运行机制，特别是建设一批有思政特色的专业课。

⑤ 课程思政建设的成效在学生：学校一切教育教学活动的根本目的在于培养出更高质量的人才。因此，课程思政改革的效果如何，最终必须以学生的成长成才为检验标准。

知识大厦只有建立在深厚的道德伦理基础上才能稳如泰山，在专业课程思政的推行过程中，应注重打破学科壁垒，突破知识体系传授的窠臼，通过学科专业与教育对象的多向交流，实现专业理论的价值体系升华，促进学生的自由和全面发展。此外，还应注重教学方式的多样化、因材施教，例如根据学生的年龄、年级、专业课特点等开展主题式教学、互动式教学与社会实践，从而实现学生理论联系实际能力的锻炼。专业课课程思政在遵循专业课程授课内容和逻辑的同时，要遵循大学生思想观念变化规律，并善于结合大学生最关心的问题、国家和社会最需要解决的问题等，做到“润物无声”。专业课课程思政作为思想政治教育的有效形式和实践途径，要坚持明确“课程思政”的育人地位，破解专业课教学与思想政治教育“两张皮”的困境。

2.2.3 课程思政教学目标

专业课课程思政要始终围绕专业和学校的培养目标展开。“课程思政”首先要为专业培养目标服务，要将本学科的知识导向和能力培养要求和落实学科价值引领有机统一。在以往的学科的人才培养方案中，对知识和能力的培养要求十分明确具体，但对思想价值引领的要求却并不明确，即使有也是被所谓“高素质”“健全人格”等抽象的词语代替了，这就导致思想价值引领在学科教学中无法落实到位。

“课程思政”还要服从服务于学校培养目标的育人要求。我国高校按照培养模式分为研究型、专业型、应用型和技术型等，它们的校史、校风、校训、教风、学风、校貌等也体现着自身的特点，所以“课程思政”既要为专业培养目标服务，又要体现高校自身的办学特色。

（1）专业课课程思政建设目标

专业课任课教师应该在“立德树人”职业使命的感召下，以学科知识体系为载体，以课堂教学为平台，挖掘学科文化中的思想政治教育资源，将党的政策主张、做人的道理、处世的准则等悄无声息地融入课堂教学的过程。专业课课程思政实施过程，包括但不限于培养方案的构建、授课环节的设计、教学内容的编排等，有意识地推进实施，旗帜鲜明地宣传习近平新时代中国特色社会主义思想的历史必然性和科学真理性，弘扬以爱国主义为核心的民族精神和以改革创新为核心的时代精神，反对一切削弱、歪曲甚至否定中国共产党的领导和社会主义制度的错误言论。

通过专业课课程思政对学生开展思想政治教育工作能够培养以下三方面：一是辩证唯物主义观点，辩证唯物主义思想可以让学生形成科学的世界观；二是爱国主义思想，学科知识中我国的发展成就和特色技术，能激发学生的爱国主义情怀；三是勇于探索的坚强意志、坚持不懈的奋斗精神，可以鼓励学生勤奋开拓，励志成才。

专业课与思政元素的结合，应该做到在知识传授的过程中注重各项综合素质的养成，在育人过程中既提高大学生专业技能，又培养其精神素质，通过加强思政教育的针对性，培养大学生既成人材，又成人才，通过专业课思政实践增强思想政治教育的实效性。专业课与思政元素的结合主要应包含以下要点：在坚持传统思政课程为核心的基础上，结合各高校的办学特色，通过教育内容和模式的改革和创新，拓宽思想政治教育的渠道，将思想政治教育渗透到专业课程中去，实现全员育人、全程育人、全方位育人。简言之，就是围绕“知识探究”和“价值引领”相结合的课程目标，发掘专业课思想政治教育资源，深入挖掘各类专业课的思想政治教育元素，适时融入中华优秀传统文化，实现价值引领、知识探究、能力建设、人格养成“四位一体”的人才培养目标。

专业课课程思政强化了学生思想政治教育的实践性。在专业课课程思政过程中，提高学生思想认识，将理论运用于实践，在实践中促进学生认识能力的提高并检验学生思维成果的正确性。这种实践有助于解决学生的思想问题与实际问题，推进学生专业知识、能力、价值观等的全面发展。遵循专业课教学规律，从实际出发，坚持理论联系实际的原则，把思想政治工作渗透到教育教学的实际中去，发挥教育教学增长本领的更大作用，促进学生健康成长和全面发展。具体包括以下内容：

① 深入挖掘专业学科中蕴含的思政教育内容，精心研究设计课程教学的各个组成部分，有针对性地做好提高学生的思想政治素质、培养学生积极向上的心理品质方面的相关准备。

② 悉心教授专业知识，建立和完善学生的知识结构体系，让学生明白踏踏实实地学习是立足之本，明白将专业知识转化为成果是回报社会的基础，确立人生前进的方向。

③ 注重培养教师的自我效能感，提高教师在教育教学过程中的自信，要通过向学生传递肯定的信息，强化学生的成就动机，实现培训效果最大化。

④ 将实践能力考核标准精细化，提高实践能力评价的权重，鼓励和引导大学生重视实践，经受锤炼，为大学生在综合能力方面实现较大突破提供政策支持。

（2）专业课课程思政育人目标

针对课程思政的外延，实施课程思政还应明确以下几个重点。

首先，从定位上而言，课程思政的理念需要以课程作为载体，成为专业课教学的一种模式。具体而言，课程思政是依托课程这一载体，以隐性教育的方法，将思想政治教育的原则、要求和内容，与课程设计、教材开发、课程实施、课程评价等有机结合起来的一种思想政治教育形式。它不仅仅在于将思想政治教育的原则、核心内容与要求融入课程教学之中，更在于在思想政治教育原则指引之下，对专业课等进行深度开发，充分挖掘和激发其中的思想政治教育内涵，科学规划和有序开展思想政治教育，有效地推动思想政治教育活动，最终实现高校思想政治教育与通识教育、专业教学融会贯通。应坚持“全面思政教育、立体思政教育、创新思政教育”理念，主动转变思路，充分将思想政治教育的浸润作用与知识传授中的主流价值引领相融合，注重在培育人的综合素养过程中根植理想信念，并不断深化和拓展，促进包括综合素养课、专业课在内的各类课程与思想政治教育有机融合，挖掘和充实各类课程的思想政治教育资源，积极探索构建全员、全课程的大思想政治教育体系。

其次，专业课课程思政应始终坚持与思想政治理论课“同向同行”。一方面，思想政治理论课是思政育人体系中不可或缺的一部分（也有被界定为核心的部分），发挥着主渠道作用。但是，思想政治理论课是有边界的，这种边界在某种程度上影响了思想政治理论课育人的功能发挥。课程思政理念的提出，就是对这种边界的有效补充。另一方面，从培养学生的思维方式和创新能力方面而言，我们要培养社会主义建设者和可靠接班人，不仅要讲政治、讲立场，还要讲能力、讲智慧、讲德才兼备。新时代，意味着中国在世界舞台上将扮演更加重要的角色，这就需要国际化的人才培养，这些都要求人才培养必须有新的理念、思维方式，要有适合全球化进程的创新能力等。专业课课程思政的核心目标是推动课程思政与思想政治理论课同向同行，从而有效实现合力育人、全员育人、全过程育人。

最后，专业课课程思政教学过程的目的在于，在专业课教学中践行课程思政的理念，这离不开思想政治理论课的指导和引领。专业课教师应在不断提升自身思想政治素养的同时，基于思想政治教育核心原则和内化要求，主动结合专业课的设计与教学活动的实施，深度开发教材，挖掘其中的思想政治教育内涵，在专业课中自然而然地融入思政内容，实现思想政治教育与专业课的有机对接。在专业课教学中践行课程思政的理念，进一步拓展深化思想政治理论，“同向同行”，形成真正的协同效应，提升学生思想政治的教育效果。

2.3 课程思政教学体系

教育部《高等学校课程思政建设指导纲要》中指出，要科学设计课程思政教学体系。对于专业教育课程，要根据不同学科专业的特色和优势，深入研究不同专业的育人目标，深度挖掘提炼专业知识体系中所蕴含的思想价值和精神内涵，科学合理拓展专业课程的广度、深度和温度，从课程所涉专业、行业、国家、国际、文化、历史等角度，增加课程的知识性、人文性，提升引领性、时代性和开放性。对于理学、工学类专业，要在课程教学中把马克思主义立场观点方法的教育与科学精神的培养结合起来，提高学生正确认识问题、分析问题和解决问题的能力。理学类专业课程，要注重科学思维方法的训练和科学伦理的教育，培养学生探索未知、追求真理、勇攀科学高峰的责任感和使命感。工学类专业课程，要注重强化学生工程伦理教育，培养学生精益求精的大国工匠精神，激发学生科技报国的家国情怀和使命担当。因此，课程体系建设需遵循教育教学规律、思想政治教育规律和专业人才思维形成规律，全面梳理不同类型课程的思政特点和学科价值，通过顶层设计，分阶段分课程逐步推进，体现课程思政的系统性、引领性和针对性。借鉴专业工程教育认证的“反向设计”思路，充分考虑不同类型课程承担的思政育人功能的差异性，利用课程之间的关联性、层次性和递进关系，将课程思政育人功能和目标合理分解到不同课程中，形成系统性强、具备专业特色的思政课程群。本节将探讨机械专业课程思政教学体系，并基于专业课程体系架构，从机械专业课程思政的教学目标出发，按照不同类型的课程分类，分析机械专业的课程思政教学内容体系。

2.3.1 教学体系框架

课程思政教学体系框架如图 2-1 所示。由学校、学院和系部（教研室）组成三级教学质量管控机构，建立包含师资、教材和实践平台的教学保障系统。确定专业的课程思政总体教学目标，并进一步根据课程的特点确定每门课程的教学目标，形成教学内容体系。为实现课程思政教学目标，需要制定包含课程思政内容的教学大纲，以课程思政教学目标为导向建设课程思政教学案例库，形成课程教案，并进行教学实施，完成教学过程。在教学管理、教学主体、教学过程和教学效果四个维度上对教学进行全面评价，评价结果用于持续改进。

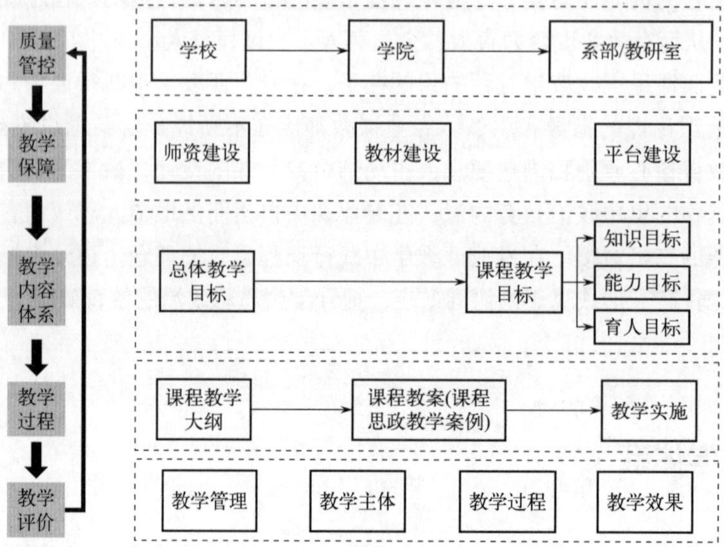

图 2-1 教学体系框架

2.3.2 机械专业课程体系架构

机械工程以相关的自然科学和技术科学为理论基础，研究机械系统与制造过程的基本原理和规律，为产品制造和各类工程活动提供工艺、装备、环境的科学原理和方法。其主要任务是把各种知识、信息融入设计、制造和控制中，应用各种技术（包括设计制造及加工技术，维修理论及技术、电子技术、信息处理技术、计算机技术、网络技术等）和工程知识，使设计制造的机械系统和产品能够满足使用要求，并且具有市场竞争力。

机械工程的研究领域包括机械的基础理论、各类机械产品及系统的设计理论和方法、制造原理与技术、检测控制理论与技术、自动化技术、性能分析与实验、过程控制与管理等。随着机械工程学科及其相关学科的发展和相互交叉、渗透及融合，机械工程学科的基础理论不断被充实和丰富，研究领域也随之拓宽和发展。在本科阶段，机械工程专业教育可分为以下三个模块。

① 数学和自然科学类：这是专业教育的理论基础。数学类科目包括线性代数、微积分、微分方程、概率和数理统计等；自然科学类科目包括物理和化学，也可包括生命科学基础等。

② 工程科学类：以数学和自然科学为基础，侧重于发现并解决实际工程问题，一般包括数值计算、模拟、仿真和实验方法的应用。相应的课程包括理论力学、材料力学、流体力学、传热学、热力学、电工电子学、控制理论和工程材料等。

③ 专业理论和实践类：以数学、自然科学及工程科学的知识为基础，涵盖机械产品和系统的开发设计、加工制造、检测控制及项目管理等专业知识领域，侧重于培养学生对机械产品和系统的设计开发、分析和研究能力。相应的课程包括机械原理、机械设计、机械制造、机电控制及测试、信息处理及生产过程项目管理等，同时还需包含必要的计算机相关知识。另外，由于机械工程是应用科学，因此还应设置金工实习、生产实习、课程设计、毕业设计

等实践课程。

按照课程的性质也可以分为如表 2-1 所示的四类课程，其中，学科基础类课程包括数学和自然科学类、工程科学类课程；专业基础和专业课程包括所有涉及专业教育的理论课程；专业实践类课程包括专业训练的工程实践课程；创新创业教育课程包括涉及创新思维及创业实践等的课程。

以上海理工大学机械设计制造及其自动化专业的课程体系为例，上述四类课程组所包含的课程见表 2-1。

表 2-1　上海理工大学机械设计制造及其自动化专业的课程体系

课程类别	主要课程名称
学科基础类课程	计算机编程
	高等数学
	线性代数
	概率与数理统计
	计算方法
	大学物理
	普通化学
	理论力学
	材料力学
	流体力学
	电工与电子学
	热工基础
	机械工程材料基础
	机械测试与控制基础
	工程制图
	……
专业基础和专业课程	机械原理
	机械设计
	机械制造技术
	液压气动技术
	公差检测与技术测量
	机械测绘及 AutoCAD
	机械动力学
	微机原理与接口技术
	机械装备结构设计
	电气自动控制与 PLC
	数控技术
	工业机器人
	现代设计技术
	智能制造技术
	复杂机电系统综合设计
	……

续表

课程类别	主要课程名称
专业实践类课程	金工实习
	机械设计课程设计
	机械制造课程设计
	机电一体化设计
	生产实习
	毕业设计
	……
创新创业教育课程	创新思维与创业实践
	机械创新设计
	工程师思维训练
	……

2.3.3 机械专业课程思政的教学目标

课程思政元素和案例应源自课程自带的哲学内涵的世界观、方法论、学科素养和职业品格的教育内涵。通过研究机械专业的知识、能力与价值引领目标之间的内在联系，针对机械专业培养人才应具备的共性世界观、价值观、方法论和学科素养，将机械专业课程思政的总目标分解为家国情怀、责任担当、科学精神、工程师精神、创新精神、个人素养 6 个分目标，根据学科特点与立德树人目标，将各分目标再细分为二级指标，如图 2-2 所示。

（1）家国情怀

增强学生对国家、民族和文化的认同感，具有人类命运共同体的全球视野。可分为三个二级指标：①中华民族伟大复兴：清醒认识我国机械工业的战略地位，增强家国天下的共同体意识和奋进新时代的使命感；②文化自信：从机械工程的发展史和我国机械工业的发展历程中，增强对民族和文化强烈的认同感和归属感，胸怀制造强国的远大理想；③全球视野：在纵横比较中理解中国机械工业的发展，具有人类命运共同体的意识，培养基于全球变化与国际差异的思维视角。

（2）责任担当

增强学生的责任心，自觉承担社会责任。可分为三个二级指标：①法律意识：明确国家法律法规、政策和机械行业标准对机械产品的规范约束作用，担当社会责任，维护工程质量安全、保障健康和公众利益；②经济意识：在机械产品设计制造和运维中，考虑经济、成本等因素，关注产品的社会、经济效益；③环境与发展：考虑机械产品的全生命周期中技术、环境、人为等因素带来的工程风险，具有保护环境的意识，有效利用资源，实现机械工业的可持续发展。

（3）科学精神

培养学生求实求真的理性精神和实证精神。可分为三个二级指标：①科学思维：坚持客观理性的科学态度，运用模型构建、逻辑推理、求证和质疑创新等科学原理和方法认识客观事物，能独立思考、判断、质疑、辩证分析并做出决策；②科学探究：具有坚持不懈的探索精神，大胆假设、认真求证、拓展知识边界；③科学伦理：具备辩证唯物主义与历史唯物主义的科学观，能反思和评价科学发展和应用对社会和环境的影响，理解科学家推动社会发展、造福人类的社会责任。

（4）工程师精神

培养学生大工程观、系统观，能将所学的理论知识、技能和方法应用于解决工程实际的复杂问题。可分为三个二级指标：①工程思维：运用专业思维解决复杂工程问题，理解实际工程的多维约束条件，提出系统化的解决方案；②工程伦理：遵守工程师职业道德和从业规范，能对工程伦理进行分析判断和正确决策；③工匠精神：精益求精的大国工匠精神，具有敬业、专注、创新等方面的职业道德、职业能力和职业品质。

（5）创新精神

培养学生进行发明、创造、革新的意志、信心、勇气和智慧。可分为三个二级指标：①创新思维：具有发现需求、寻求解决方案的能力，并能对创意进行评估，保证其符合道德、伦理和可持续发展的要求；②资源统筹：善于发现各类资源，并能合理有序、负责任地使用资源；③创新行动力：能主动投入创新与研究实践，领导或协助团队完成目标、计划制定及执行。

（6）个人素养

培养学生良好的个人素养。可分为三个二级指标：①团结协作：具有系统观和全局观，具有团队意识和合作精神，掌握协作学习与研究的技能；②与时俱进：具有终身学习的意识和能力，适应时代，把握前沿；③职业操守：理解机械行业的意义和内涵，具有坚定的从业意愿、职业信念，对职业具有认同感、责任感、荣誉感和使命感。

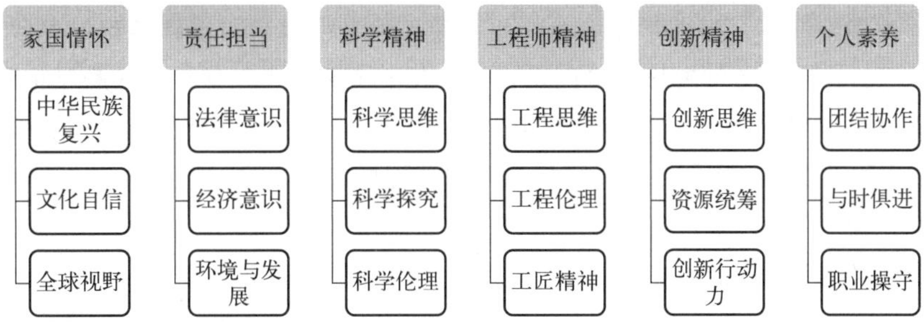

图 2-2　机械专业课程思政的教学目标

2.3.4　各类课程的思政教学关注点

教学目标需依靠课程教学来实现，不同类型的课程具有不同的特点和教学手段，根据表 2-1 的课程分类，结合图 2-2 的机械专业课程思政教学目标，对各类课程的思政教学关注点进行分析。

（1）学科基础类课程

学科基础类课程包括数学、自然科学类和工程科学类课程。根据这类课程的特点，着重于科学精神、创新精神等的培养。应注重科学思维方法的训练和科学伦理教育，在课程教学中把唯物主义辩证法的教育与科学精神的培养结合起来，提高学生正确认识问题、分析问题和解决问题的能力，培养学生探索未知、追求真理、勇攀科学高峰的责任感和使命感。

（2）专业基础和专业课程

专业基础和专业教程包括所有涉及专业教育的理论课程，这类课程量大面广，涉及的课程思政教学目标也多，应着重于工程师精神、家国情怀、责任担当、创新精神、个人素养的培养。注重强化学生工程伦理教育，提高学生正确认识问题、分析问题和解决问题的能力，培养学生精益求精的大国工匠精神，激发学生科技报国的家国情怀和使命担当。

（3）专业实践类课程

专业实践类课程包括专业训练的工程实践课程，由于机械工程是一门应用科学，实践是极为重要的，工程型人才是我们的培养目标之一。在这类课程中，着重责任担当、个人素养的培养，应注重教育和引导学生弘扬劳动精神，扎根中国大地，了解国情民情，在实践中增长才干，在艰苦奋斗中锤炼意志品质。

（4）创新创业教育课程

创新是推动社会发展的动力，创新精神是机械人才必须具备的素质。在这类课程中应注重让学生“敢闯会创”，在亲身参与中增强创新精神、创造意识和创业能力。

2.4 课程思政教学实施

课程思政的教学实施要考虑到教学过程的全生命周期，从课程成形阶段的教学大纲规划、教材建设、教案设计等，到教学过程中的思政案例设计、理论与实践课程的思政内容融入，以及课后的思政作业与教学考核等方面进行全方位的梳理，进而保证思政教学能够融入教学的整个阶段，达到润物细无声的思政教学效果。本节从课前教学思政、课堂教学思政、课后教学思政及课程教学思政考核四个主要模块探讨课程思政教学的实施方案。

2.4.1 课前教学思政实施

开展专业课程的课程思政工作，首先要结合专业背景和课程教学目标，分析并制定合理的育人目标，根据育人目标并结合课程章节内容发掘对应的育人元素，并通过进一步对思政元素的分析及呈现方式的设计，即运用学生易于接受、情感体验好的教学方法，使育人元素能够无痕地融入专业知识中，起到润物细无声的育人效果。因此，需要细致深入地分析思政元素有机融入教学大纲、教材建设、教案设计、教学方法、考核等的交界面与结合点，设计思政元素引入各个教学环节的深度、形式、时间节点控制等，打造出一个专业性、时代性、探索性兼备的良好课堂氛围，激发出学生学习的内动力，这样，不但可以完成课程思政的育人目标，也会促进学生对课程知识的理解与拓展。

课前教学思政的实施过程围绕三个核心部分展开，即教学大纲中的思政方向确立、教材建设中的思政内容规划以及教案设计中的思政元素融合。

（1）教学大纲

教学大纲是指依据课程特点及其知识体系，根据学情分析而制定的教学计划和实施规范的教学指导文件，涉及课程教学目的、任务、教学内容广度和深度、教学进度和采取的教学方法等基本要求。它以纲要的形式规定了课程教学活动流程，是开展课程教学和教材编写的依据，也是学生学习成绩评定和教师教学质量评价的重要标准。

传统专业课的教学大纲基本上涉及课本中各个章节的教学内容、教学进度和教学要求，很少涉及思政内容，缺乏将课程思政体现于课堂教学的行之有效的方法。在原有教学大纲的框架下，增加思政元素，对完善“课程思政”建设具有指导意义，也为专业课与思政课的融合指明方向。

首先必须确定课程的教学目标，按照OBE（学习成果）导向的教学理念确定包含有思政元素设计的课程教学内容、教学设计的组织与实施策略、教学方法及教学评价模式等完整的教学方案。

教学目标分为专业学习目标和思政育人目标。专业学习目标通常为学生通过本课程的学习，了解专业内涵，对本专业课程所涉及的领域及主要学习内容有初步的认识，并掌握最基本的专业知识，为后续深入学习其他专业课程打下基础；使学生端正学习态度，掌握正确的学习方法，提高学习能力以及科学地分析、处理问题的能力。思政育人方面，专业课程肩负着培养学生优秀品质、逐步树立社会主义核心价值观的重要任务。开展课程思政旨在达到如下育人目标:

① 激发爱国热情及敬业奉献精神。通过对思政元素的挖掘，学习革命前辈的英雄事迹，激发学生的爱国热情，树立为社会主义建设事业奋斗的理想，将自身的发展与国家的命运紧密结合，明确为中华民族伟大复兴而努力学习的正确思想。

② 增强民族自豪感。通过对思政元素的挖掘，让学生了解我国辉煌的历史及文化，传承工匠精神，弘扬民族文化。培养学生对中国特色社会主义道路自信、理论自信、制度自信、文化自信的认识，进而增强民族自豪感。

③ 培养工程思维、创新意识以及精益求精的职业精神。通过对“超级工程与技术”思政元素的挖掘，让学生了解我国现代众多伟大超级工程的壮举，以及在世界级工程的设计、施工与管理等方面取得的成就，从中学习工程师与建设者们的创新智慧及求真专注、不畏艰险的职业与专业精神。

（2）教材建设

紧扣大纲中的课程目标，紧贴工程教育认证标准，满足专业认知需要来编排教材内容。一方面，在保证专业介绍系统性的前提下，力求内容精练、深入浅出，解答学生对专业感到困惑和最关切的问题。教材除介绍专业所涉及的基本知识外，应大量融入专业最新发展成果，使学生对专业的研究领域和热门研究方向有一个全面的认识。另一方面，思政元素能否适时、适量、适度地融入专业课教材中是影响课程思政实施效果的关键，思政融入应当充分结合授课内容来开展，在教材中有机融入思政元素。

在教材呈现形式上，应灵活利用多媒体课件、视频短片、纪录片等多种形式，使学生在接收专业知识的同时，潜移默化地吸收思政元素和德育元素。

在教材内容上，应注重思政元素的挖掘、案例设计、专业内容与思政元素的融合等几个关键环节与要素。思政元素的设计与储备是开展专业课教材建设工作的前提。针对当前高校专业课程知识体系包含思政元素不够的问题，需要研究既适合于专业课程，又符合当代大学生及该专业学生心理、思想状况特点的思政元素的形式及系统性特征，进而结合专业教学内容及教学组织形式，通过分析、提炼与整理，构建出专业课程的“思政素材教学案例库”，为思政元素融入教材打下基础。

建立“思政素材教学案例库”的目标在于，在教材中的每一章中都有机融入思政元素，例如，在讲述机械学科内涵和发展趋势时，介绍中国取得的伟大成就，在建设“制造强国”中的地位，以坚定学生“四个自信”，同时指出中国机械制造业面临的挑战，国家实施“中国制造 2025”战略的深远意义，让学生明确新时代奋斗目标，为实现强国梦而奋斗。在讲授电工与电子时，由微机电系统联系到导弹陀螺仪的研制，融入钱学森、邓稼先等老一辈专家在我国航空航天事业和国防事业中吃苦耐劳、坚毅顽强、勇于创新的精神，让学生深刻体会落后就要挨打。用“两弹一星”元勋的感人事迹，以及取得的辉煌成就激发学生的爱国奋斗精神、创新意识和奉献精神。在讲述机械设计与机械制造专业方向时，融入介绍高铁、三峡大坝发电机组、大型工程机械、神舟飞船、歼 20 隐身战机、C919 大飞机、航空母舰、战略导弹等一系列重大装备首次自主研发成功等内容，使学生了解机械工程在国家重大装备研发中发挥的重要作用，增强学生建设中国特色社会主义现代化强国的自信心和责任感。

（3）教案设计

教案设计包括教学目标设计、教学内容设计、教学方式设计、课堂管理设计、课程评价设计五个环节，以 OBE（outcome based education，成果导向教育）为导向，充分考虑学生的主体地位，并需满足行业企业用人需求，在此基础上确定教学目标，并将其与思政目标相统一，精心设计教学内容，并将思政元素深度融合在教学过程中，在知识传递的同时达到“润物无声”的思想政治教育效果，实现全方位育人。确定多维度的考核指标（职业素养、职业能力等方面），全面考核教学效果，考查学生的知识、能力、素质等方面的成果形成情况，从而及时调整教学目标、教学内容及教学方法。

OBE 理念强调以成果为导向，依据专业人才培养计划、区域经济发展及企业用人岗位需求，确定课程教学目标，从而评价学生的学习成果，可以将教学目标分解为知识目标及能力目标、思政教育目标。在知识目标及能力目标上，应按照专业课程的要求，使学生掌握基本概念、基本理论和综合技能，了解和掌握各种常用公式、方法的原理及适用范围，并能开展简单的课程实践。在思政教育目标上，应在坚定理想信念、厚植爱国主义情怀、加强品德修养、增长知识见识、培养奋斗精神、增强综合素质六个方面下功夫。

与教学目标相对应，教学内容的重构包括专业知识内容和思政内容。在专业知识内容方面，以学生的长远发展为目标，重新分析和梳理课程知识内容结构，对课程的教学内容进行合理优化。思政内容用于开展课程思政，实现价值目标的培养，将思政元素融入专业知识的教学过程中，对学生进行爱党、爱国、爱人民和爱社会主义的教育，进行正确价值观的引领。与思政教育目标的六个方面相对应，在坚定理想信念方面，课程内容要体现符合中国发展现状的制造业特点，要为建设制造强国、实现中华民族伟大复兴的中国梦贡献力量，为中国和世界人民造福。在厚植爱国主义情怀方面，以我国先进制造业的发展历程与现状为重点，尤其关注“卡脖子”技术的突破，引导学生自立自强，攻坚克难，为我国由制造大国迈向制造强国做出自己的贡献。在加强品德修养方面，在教学内容中体现自觉弘扬爱国主义、集体主义精神，自觉遵守社会公德，强调学术研究应该严守学术规范，从业应该严守职业道德和职业规范等。在增长知识见识方面，聚焦制造业学科前沿，尽可能增加国内外制造业的新理论、新技术及新应用，对我国和世界制造业发展的瓶颈问题和解决方案进行重点讲述。在培养奋斗精神方面，从案例和项目中选取充分体现奋斗精神的部分杰出科学家进行讲述，同时将保持乐观向上的人生态度的重要性加以阐述。在增强综合素质方面，强调理论与实践的重要性，在课程中通过案例讨论、项目合作等，提升学生交流合作、归纳总结和创新的能力。

在当前“新工科”“互联网+”等发展背景下，基于学生“知识需求”为中心、“能力获得”与“品格塑造”为导向的原则，采取“线上+线下”的立体式专业思政教学方式，保障了“时时是学习之时，处处是学习之处”的可行性。可以采用启发式、案例分析法、头脑风暴讨论法等多种教学方法，高效发挥专业课程的思政效应，让社会主义核心价值观引领学生的精神与行动。教学方式采用渗透教学方式，不在开课之前具体设定这些教学点出现在教学中的具体位置和方式，主要通过相对随机、隐蔽、潜移默化的方式，由教师在课前联系当前社会热点和学生关心的话题，对学生进行思想教育和融入式的引导，让学生在不知不觉中受到德育教育。

2.4.2　课堂教学思政实施

在课堂管理方面，教师应积极开展传统授课与云教学互动相结合的课堂教学。教师除了保留板书讲授和课件演示之外，还可以引导学生参与云平台上的思政讨论、理论测试、热点辩论、头脑风暴以及小组合作等多种形式的移动互联学习活动，其中教学手段可用思维导图、音视频等多种形式，使教学内容的呈现形式更加丰富。利用云计算技术开展教学活动，全面呈现该教学活动中学生学习行为的大数据，学生的相关学习反馈也可以即时呈现，教师即可掌握全班同学的学习数据，并且基于该大数据实施客观科学的课堂理论教学。

在课堂中，应着重考虑知识传授、实践培养与国家急需人才的匹配性，开展以实践为中心的课程教学，在课堂中融入爱国主义教育、辩证唯物主义思想、职业素养教育等元素，通过思政融入加强对学生综合素质的培养。在理论课程中，从实际项目出发，引导学生思考本质问题；在实训课中，以学生实践为中心，充分锻炼学生的实际问题解决能力。

（1）理论教学的课堂思政

通过探索教学目标和教学内容，大多数课程的教学可采用模块化“案例导入—理论讲解—案例分析”的教学结构，让学生从实际出发，明确理论教学所对应的应用环节，明确学习目标，经过理论学习后学以致用，再回归本质实际问题。在教学过程中，要根据思政元素的融入情况，积极探索新的教学形式，可以采取案例教学法、启发式教学法和翻转课堂法等方式进行教学。

1）感性认知下的案例代入

在课程开始或章节知识讲解开始前，通常需要引导环节，而生动形象的案例描述可令学生更有效地代入思考，润物细无声般吸收归纳所传达的思想。

① 以史为鉴。机械发展史、机器人发展史、电机发展史、制造业发展史等是机械类专业

中的重要课程内容。核心课程的绪论部分可以从发展史开始讲述，并简单融入后续课程中涉及的部分内容。在发展史讲述过程中，学生可了解机械行业中的故事，感受科学家与工程师艰辛奋斗的一生，更能深入体会其中不畏艰难的精神。在相应故事的讲述中，可从中进行思政教育，帮助学生增加探索勇气，提高奋斗决心。

通过图片、文字、视频资料素材的收集与整理，以及一定的课程设计，即可在课堂中的某一故事背景下引导学生乐观看待机械设计难题，不畏艰险、勇于创新，树立学生的工匠精神。在实践过程中，可采用情景构建法，播放事件视频资料或历史故事动画视频，令学生深入情境，感受从无到有的设计艰辛，感染学生思想，增强学生的自信、乐观、勇气等个人品质的塑造，强化思政教育。

② 民族为重。我国的基建工程从曾经的技术空白到独立自主发展，从技术的跟随者发展成为领跑者，中国标准逐渐成为世界标准。众多技术由一代代人的钻研与积累迭代，造就了中国屹立于制造大国之林的成就。中国的制造业正大步向前，我国的多种制造技术处于行业领先地位，这些技术的发展也有力保障了我国的国防建设。制造业的发展伴随着各类机械技术的进步与更新，是知识体系的外在具体表现，其中蕴含着多样的显性思政元素。

思政教育案例可从全局到局部挖掘，从大项目、大事件出发，挖掘与当前所在省市、学校有关联的故事，可令学生更好地代入情境，促进感性共情与思考。通过对相关技术发展与现状的描述，学生在了解课程框架与应用的同时，提升了文化自信、民族自豪感与认同感；对国防建设进行讲述，增强学生对国防技术的关注，凝聚学生的爱国热情与民族向心力，激励学生勇担时代使命。

③ 榜样引领。在技术发展的道路上涌现出一大批杰出人物，从业务能手到科技标兵，从大国工匠到“时代楷模”，他们为我国工业发展作出重要贡献。各院校众多优秀校友已成为独当一面的领域技术专家，为祖国作出重大贡献，这些典型事迹是课程思政的绝佳元素。依托典型人物事迹，挖掘并整合忠于职守、专注奉献、精益求精、追求完美、勇于创新品质等思政元素，利用榜样精神激励学生做大国工匠的传承者，使其萌发奋勇向上的激情与动力，掀起立志成为领域杰出专家的热潮。

以先进集体和人物事迹作为鲜活的课程思政元素，将先进集体解决的难题与课程对应知识点相结合，可拓展学生的知识体系，加强学生对专业知识的理解，提升学生分析和解决问题的能力。通过介绍先进集体与个人的杰出事迹，弘扬忠于职守、专注奉献的科学精神，增强学生的团队意识，并树立专业领域榜样，从而为枯燥的理论教学注入活力。

2）理性学习下的辩证分析

① 知识讲授。现代制造系统发展的趋势多为高精度、集成化、小型化等，同时注重系统的安全性与可靠性，而这些外显特征均为多个部件、多重因素的耦合作用，内含多种事物发展规律，具有丰富的思政元素可以挖掘。在教学中以问题引导的方式启发学生思考，锻炼学生的辩证分析能力。

误差与精度之间的对立关系：在机械设计中，误差通常会导致“失之毫厘，谬以千里”的结果。从精度的严格要求和重要影响方面，教育学生树立严谨的治学态度，只有坚持严谨的治学态度，才能以实事求是的精神开展研究工作，才能见微知著地在工程上作出卓越贡献。

精度与成本之间的辩证关系：产品零部件的精度并非越高越好，过高的精度会使加工成本陡然上升。以机械精度和加工成本之间的制约关系，增强学生进行产品精度设计时的成本意识，以解决好设计精度和加工成本之间的关系，培养学生在工程实际中抓主要矛盾解决问题的思路。

个体与整体之间的包含关系：系统均由多个模块组成，而每个模块又由更小的部件组成。单个部件可能不能实现任何实际的功能，只有各部件相互配合才能组成具有特定功能的模块，只有模块组成系统、各司其职，才能达到所需目的。对处于相互配合之间的每一个部件，都要严格满足各自的特征指标要求，才能实现系统运转的共同目标。从部件与系统的包含性工作特点出发，引导学生领悟个人与集体的关系，认识到在高度发展的现代社会中，个人、集体、社会是不可分割的整体，培养大局意识、协作精神和服务精神，促使学生发掘潜能、完善自我，在集体中统一思想、分工合作、默契配合、齐心协力，从而形成集体凝聚力。

② 案例分析。对于面向工程实践培养的目标，课程中需要结合实际项目案例介绍具体应用并分析问题的发现与解决。先进技术在迭代的过程中离不开问题的发现与改进，在对知识进行讲解时，可从前一代技术为例引入讲解，通过对老技术的抽丝剥茧发现关键问题所在，引导学生思考解决问题的方案，进而导入当前现有新方法的解决方案，同时体验先进技术的蓬勃发展。教师通过问题的发现与解决，培养学生的创新型工程思维。通过先进技术的优越性，引导学生对学术研究和工程技术前沿的向往，鼓励学生扎实掌握基础知识，激励学生的主动意识和进取精神。

在宏观上，通过对典型项目的整体介绍与重点细节描述，考核学生辩证地认识、分析和解决问题的能力，培养学生的宏观描述能力与系统性理解能力。在细节上，引入零部件的性能要求、具体应用场景以及故障现象场景，培养学生的实际动手能力，鼓励学生善于发现问题并解决问题，激发学生自我突破、敢于创新的精神。

③ 研讨互动。为了更好地展示各种教学素材和案例，大部分机械类课程都采用多媒体教学形式。同时倡导“教师精讲多引导，学生少记多思考”的教学过程，要求在课堂教学中，尽量多采用研讨的方式来进行，即先由教师引出问题，然后引导学生思考如何着手解决问题，并对学生回答的问题加以更正、补充和总结。这种方式可以启发学生发现问题，并通过分析问题从而找出解决问题的方法，从中领会课程教学的目的。此外，为了使教与学有机结合，形成互动的氛围，教师可在授课时偶尔请学生上讲台现场回答问题，并让其他学生对回答的情况进行评判。实践表明，这种模式可以活跃课堂气氛，有助于吸引学生的注意力，调动学生学习的积极性，并能使学生加深理解所学的内容。这种互动教学方法虽未直接涉及课程思政，却能潜移默化地锻炼学生的分析判断能力、决策能力和勇于表达的能力，同时也能提升学生的职业素养，达到课程思政教学的目的。

在教学方法上，采用“翻转课堂＋融合课堂”的模式可令学生更有效地深入掌握知识与技能。可通过设置知识点关键词的方法，要求学生分组检索相关素材并形成报告，同时上传到线上平台，通过讨论投票推荐优秀组在课堂上进行讲解。这种竞争机制与学生翻转讲解的方式能直接增加学生的课程参与度，引导学生关注行业发展，提高检索与分析能力，激发学生的学习积极性，培养学生的语言表达能力。

（2）课程实验与工程实训课堂思政

课程实验是连接理论知识与应用的桥梁，是巩固课堂理论知识与加深理解的重要途径，同时也是提高学生动手能力和创新思维的有效手段。实训课程的设置具备理论教育与应用型教育相融合的性质，其核心是培养学生以应用为驱动的创新能力和解决实际问题的实践能力。根据学生掌握知识的思维模式，在合适环节融入与课程相关的思政元素，鼓励学生以教学资源为载体，提升应用能力与综合素质，提高解决实际生产问题的能力。

实训课程要求学生提前预习并分好小组，每个小组成员需明确分工，在实验过程中共同协作完成整个实验。为提高学生的分析能力、测绘能力，提高综合设计能力和工程实践能力，需要兼顾理论与实践重难点差异，逐步开展从基础到复杂的操作。在理解相关理论知识体系与学习要点的前提下，首先带领学生熟悉实验现场设备，熟悉理论中提到的关键结构与部件，初步构建学生的局部与整体配合的思维。安全性是生产制造中不断强调的重点，在实践环节中需要重点强调安全环节，培养学生以人为本、安全发展的工程理念，培养学生认真负责、踏实敬业的工作态度，培养规范化操作的良好习惯。

实验过程以学生为主体开展，由学生收集并整理与实验实训内容相关的材料。具体实施方案是在教学过程中以“小组”为单位，以“小组”团队的形式参与“课堂教学 - 实验实训”等方面课程课时的内容安排。经历一次实验实训内容训练过程后，集中学生们的智慧，形成一个解决问题的“小组”团队，并且培养学生之间友善、团结协作的精神。在这个过程中，头脑风暴和知识复盘是重要的方法。学生主动回顾理论与实验实训知识，运用已有的知识分析与解决实际工作中遇到的问题。分组实操课可以培养学生的创新能力与职业技能，加强学生的团体意识与合作精神，让学生在项目实操中养成良好的设备操作习惯，逐步建立质量为先、精益求精的意识，达到与思政课程“同向同行、协同育人”的目的。

在实验实训过程中，学生难免遇到各种问题。对于共性的、方法上的问题，教师应注意及时分析与总结，并给出有理、有据且切实可行的解决方案。对于操作上、技术上的问题，优先鼓励学生组内解决，组内解决不了的可建立组间互帮机制，鼓励组间问题排查互助，培养学生的团体合作意识，培养大局意识、协作意识与服务精神，同时锻炼学生的主观能动性，培养学生发现并解决实际问题的能力。

2.4.3 课后教学思政实施

课后教学思政的实施主要集中体现在课后作业的设计中。课程思政作业需要从情境、内容、任务和评价等方面剖析基于学科大作业观的作业设计与改进策略。所谓大作业观就是基于学生立场，通过导向学习的大任务，统摄课前、课中、课后，联结课程、教学、评价，通过大作业体系的设计、实施与评价，在学生的学业锻炼、课业实践等过程中，彰显作业化人、成人等精神实质的一种学习化系统。大作业观，视域之大在于其以大学习观融通课程与教学，力求以作业为载体，实现课程向学程、教授式讲堂向学习化学堂的转变。取向之大在于其以大教学观超越知识的量的积累与应试训练，引导学生面对真实、复杂的问题情境，赋予作业探究性、创造性等时代意蕴。设计之大在于其以学习任务为目标，对作业有关内容、类型、主体、安排等进行技术革新；以作业为通道，基于课前、课中与课后相连接的作业链，构建学习化的课堂；以作业为锚点，将为了学习的评价、对学习的评价和作为学习的评价融合于学生作业的全过程，从而在教学评一体化的过程中，培养学生社会理解、公共参与等核心价值，提升学生独立思维、解决问题等关键能力，实现其自我精神世界的完满与个人社会价值的升华。课程思政作业的实施需要向全域化、精准化和循证化方向发展。

（1）全域化：创新课程思政作业的类型和方式

课程思政内容所具有的综合性、德育工作引领性、课程实施实践性等特质，决定了其作业也应随之全域化。即通过统整作业的育人要素、拓展作业的实践路径，实现作业过程多元化、开放化的重构，促进作业体系无界化、立体化的革新，全方位、多视域地推进作业改革，提升学生整合知识、理论联系实际、解决情境化问题的能力，实现作业的全域化育人。

优质的作业设计应尊重教材而超越教材，源于生活并服务于生活，基于学生又高于学生。目前，课程思政作业普遍忽视通过知识编辑进行程序性知识、策略性知识等高阶思维的有效锻炼，忽视回归生活解决现实问题的学科方法深层提炼，忽视实验、劳动等以审美、锻炼、操作、体验、探究为特征，促进学生身心健康和德智体美劳全面发展的实践性作业。由此，课程思政作业一方面应大力推进作业的情境设计，拓展具有科学探究性、艺术鉴赏性、社会实践性的作业类型，着力培养学生的批判性思维、创新性评价、分析与解决问题能力等学科关键素养与核心能力；另一方面，也要着力完善分层作业、弹性作业和个性化作业相结合的作业布置方式，基于学习进展、学习效果、学习特征、能力倾向、兴趣爱好等实际学情，设计熟练度提升作业、螺旋型反思作业、应用型实践作业、拓展型深化作业等不同类型的作业，同时进行“基础—提升—拓展”的作业分层布置，为不同层次、不同特点的学生，设计不同梯度、不同难度的个性化作业，从而提升作业的针对性、层次性、适应性和可选择性，满足学生基于各自最近发展区的个性化发展需求。

（2）精准化：提升课程思政作业的设计质量

作为一个自我体系相对完整的循环系统，作业全流程管理主要由内容研析与作业设计、布置实施与按序完成、批改反馈与分析诊断、跟踪改进与循证教学等既相互支撑又循环上升的有机环节构成。其中，基于相应内容研究分析的作业设计是作业全过程的逻辑起点，同时也是确保作业实施效果的前提保障。明确区分必须做的作业与支撑学习的练习，由低效重复的“大水漫灌”转向定点聚焦的“精准滴灌”。

核定作业的内容、数量、难度等，精准设计符合学情的梯度性作业。有调查发现，对于当前的作业设计来说，一方面，作业的多样性、选择性、结构性不甚理想，难以兼顾学业成绩不同的各类学生，尤其缺乏对学业成绩靠后的学生的有效关注，以致其深陷作业的非良性循环；另一方面，作业内容与作业目标的匹配度亦不容乐观。就课程思政作业而言，抄默、背诵等指向辨识与判断的记忆类、基础性作业长此以来大唱主角，难以适应以分析与综合、推理与论证、探究与建构、反思与评价等学科素养、关键能力培育为重点的学业质量评价改革趋势，也不利于达成创新能力、问题求解能力、决策能力和批判性思维能力等高阶思维培养目标。由此，必须根据不同的教学内容，确定差异化的作业形态，并合理控制作业的数量与难度，精准设计符合不同学生具体学情的梯度性作业，从而让不同学生在有限的作业时间内获得最大的学习收益。

（3）循证化：强化课程思政作业的分析诊断

实践证明，以作业批改等教学反馈中发现的问题为改进教学的逻辑起点，并据此匹配相应证据，适时对教学及作业予以适当评估与反馈，从而在科学实证中进行必要的教学干预，对学生学习的过程、结果等予以合理监控并改进，能有效促进学生在深度学习中提升学习能力。精准诊断、对标找差，强化作业批改反馈的育人功能。从促进有意义学习的角度出发，作业目标的精准定位、完成方式的创新探索以及落实过程的循序改进等，都应全方位贯穿通过作业检测教学效果、精准分析学情、改进教学方法的作业育人全过程；同时，设计何种类型与方式的作业、如何科学有效指导学生完成作业、如何批改作业进而基于作业暴露的问题循证改进教学等，也都应全要素纳入以学习者为中心的作业管理全维度。其中，以灵活、合理的作业批改方式，充分彰显作业批改与反馈的育人功能，无疑是作业育人的“牛鼻子”。科学合理的作业批改与反馈，不仅能倒逼授课教师精选作业，有效控制作业的量，也能引导教师改变陈旧的“对／错”评价方式，聚焦作业及其批改的质量，从而精准施教，提高教学质量；学生则可以通过批改的反馈，检视学习的掌握程度，并在查缺补漏、追根溯源中，分析原因，及时补齐短板，提高学习品质。

2.4.4 课程教学思政考核

（1）课程思政考核的基本体系

1）考核主体

教师主体的教学引导和学生主体的实践参与二者的有机统一是考核对象和重点。教学态度方面，对教师的课前准备程度、授课中精力的投入、教学的热情要有相应的要求；教学内容方面，要对教师的表达、教学思路是否清晰、教学内容的时代性等方面进行考核；教学方法方面，要考核教师的教学方式的启发性和教学语言的表达，对学生的课本认知度和学习主动性做出考核，同时对学生在学习过程中是否习得基本政治素养给出判定。

2）考核标准

综合考核学生对所学内容的理解和实际运用，注重考查学生运用马克思主义立场观点方法分析、解决问题的能力，力求全面、客观反映学生的爱国素养和思想道德品质。依据实践教学“过程记录”这条主线，着眼于实践教学的活动要求、活动实况和活动效果三个关键节点，坚持有依据、有真相、有标准的“三有”原则，建设“三点一主线”的实践教学测评体系。要将实践教学的三个关键节点（活动开展、成绩评定和表彰奖励）与贯穿实践教学主题的“过程记录”相结合。其中，过程记录包括活动时间、地点、内容、活动现场、活动认识和感受等基本要素；成绩评定要求教师必须在“三有”（有真相、有标准、有效果）基础上进行考评，并将成绩纳入学生学籍管理系统；表彰奖励旨在鼓励品学优良的学生积极投身社会实践，在实践中锻炼和提升思想素质，并对不合格学生进行必要的警示和帮助，以形成“看先进、学先进、赶先进”的良好学风。

3）考核体系

① 学时学分获得机制。依据有关“思政课”教学意见与要求严格落实学时、学分机制，从本科课程教学现有学分中单独划出 1 个学分开展课程思政考核实践。学生既可通过参加教师统一组织的实践教学获得相应学分，也可通过提交与思政理论课学习相关的实践成果申请获得相应学分。

② 细化学生的实践教学考核。对学生的考核内容应包括学生参与实践教学的态度、表现、收获，具体包括实践教学前的准备、参与实践教学的态度、实践过程中的纪律和责任意识、实践活动中能力和情感的表现、实践活动后的总结、实践报告的撰写等。教师对学生的考核主要是学生的出勤和在实践教学中的具体表现，包括出勤记录、学生的实践日记以及校

外接待单位的证明和反馈；结果考评主要是学生的收获，如调查报告和实践总结等。

③ 细化教师的实践教学考核。在高校思政实践教学改革中，考核分为过程性考核和结果性考核。对教师实践教学的结果性考核主要是实践教学的成效，即实践教学的准备、实践教学主题的选择、实践教学方案的制定、教学方法和手段的运用、实践教学的组织、教学的效果、实践教学结束后对学生的考核以及对自己实践教学工作的总结。因此，学校对教师实践教学的考核可分为两大部分，一是规范考核体系，从教学计划、教学执行、教学总结这三个教学过程提出具体的指标；二是成效考核体系，从学生的认知水平、道德情感和能力发展三个方面提出具体的指标。

④ 融合思政教学、课堂考核、社会实践。一方面，根据课程设置不同的实践形式，如沈阳航空航天大学在课程中推进情景剧教学，提高了思政实践教学的亲和力和实效性，活跃了校园文化，丰富了学生的课余生活，激发了学生对思政课的学习热情，该情景剧实践课程也作为实践教学考核学生学习效果的一部分，让思政教育融入大学生日常学习和生活的每个角落。另一方面，社会实践选题必须紧密联系实际，反映社会现实，并以解决社会现实问题为主要方向。关键看实践选题能不能紧密结合当前社会、经济的发展特点，突出地域特色。建立家庭、社会、学校多维参与的，近期与远期兼顾的，常态与瞬态结合的立体互动反馈机制，以全面反映课堂实践教学效果的达成程度。

⑤ 实践教学考核体系与专业、就业和创业相结合。根据目标学校、各专业特点不同，在实践教学过程中应注重学生的专业性与思想性的统一，针对不同专业选择不同实践项目，这样不仅有利于学生对所学理论知识的理解，也为学生未来的择业、就业和创业提供有力的思想理论指导。学生将已认同的价值目标，通过自己的创造性劳动输出给社会。简言之，思政考核的总体教学目标是使学生将马克思主义理论和社会主义核心价值观内化于心、外化于行，最终使教学效果通过学生的行为表现出来。

⑥ 实践教学考核体系的奖惩机制要明晰。奖惩制度可以因地、因校而不同，但把握的基本原则是奖勤罚懒、奖优惩劣。对教师而言，那些认真负责开展实践教学，学生满意度高、考核好，且学校检查时获得优秀的教师，给予适当的物质奖励和精神奖励；而对于那些敷衍了事、不负责任、学生反映差的教师，要采取批评与惩罚相结合的方式，扣除相应的教学工作量，并限期整改。对学生来说，参与实践教学积极主动、认真完成任务、活动成果卓越的，除了表扬奖励之外，还要在成绩评定上予以体现，并将活动成果以各种方式予以展示宣传。

（2）课程思政考核的基本内容

高校课程教学活动通常以课堂为基本划分单位，将教学实施分为课内理论考核、课外实践考核和社会实践考核三个部分，每个部分又包括主讲质量考核和学生成绩考评。课内理论考核是指教师有组织地在课堂上开展发挥学生刻苦钻研精神的即时随堂测验、分组式专题研讨会、专题知识竞赛、专题辩论赛、调查实践成果汇报会、课程期末考试等准时性测评活动；课外实践考核是指教师有计划地预留监测学生求知求实思想品性的课外理论作业、主题式开放性学术论文、课程实验实践、课程答疑记录等追踪追溯性测评活动。社会实践考核是由教学机构统一管理的有组织、有计划开展的，由主讲教师和学工部引领学生在课堂外、校外开展的民族知名企业创新创业基地参观、课程理论与社会实践发展问题调查、技术瓶颈行业实习性活动，等等。这部分成绩占总成绩比例可以约为 20%。以上三类考核的目的是引导和促进学生综合政治素质和综合能力的提高。

（3）课程思政考核成绩“分块”评定策略

“分块”是指将每一门课程分成理论部分、日常表现部分、社会实践部分三个组成模块。理论部分的评价由教师根据学生对基本理论知识的掌握程度进行评价。其方法主要是根据期末考试试卷进行评定，考试成绩即为该项的评价成绩。日常表现部分的评价指标包括基本情况、获奖情况、违纪情况三个方面。基本情况又包括课堂讨论、课下作业、课堂笔记等细化指标。获奖情况主要指学生在学习过程中受到的与本课程相关的奖励，如重点发言、参加辩论赛、发表论文、论文获奖、见义勇为、拾金不昧等，评价时根据获奖层次给予适当加分。违纪情况主要指违反课堂纪律、缺勤等不良表现，评价时根据各种违纪情况适当扣分。该模块一方面考查学生在学习过程中的具体行为表现及其反映的学习态度；另一方面考查学生对课堂教学内容的理解和掌握的程度，能否积极主动地进行研究性学习。为此，教师要制订一个包含各项细化指标的学生日常表现记录表（表 2-2），并在日常教学中逐一进行记录和评价。为便于统计分析，要把观察到的结果尽量量化。如，课堂回答问题几次、每次答题情况如何，课堂讨论是否认真积极、回答是否正确、语言表达能力怎样、重点发言几次，缺勤与违反课堂纪律情况，等等。社会实践部分的评价指标有两个：一是社会实践中的表现，包括实践态度、实践能力、纪律等方面；二是社会调查和实践成果，包括撰写的小论文、社会实践报告或研究成果等。该模块的主要目的是考查学生逻辑思辨能力、观察与分析社会重大问题的能力以及学习态度。小论文、社会实践报告或研究成果应由教师评价或由教师邀请有关专家共同评价。社会实践中的表现可由学生根据评价指标进行自评和小组评定。

表 2-2　上海理工大学学生日常行为记录表

姓名	基本情况				获奖情况	违纪情况	备注
	课堂讨论	课上作业（笔记）	课下作业	……			

此外，各模块应以不同方式分别评分。理论部分采用期末考试的笔试成绩予以计分。日常表现部分评分以教师记录的平时表现情况为依据，首先对基本情况各项指标逐一评分，各指标得分综合后形成基本情况得分，然后在基本情况得分基础上根据获奖或违纪情况加分或扣分。如果获奖情况突出，平时表现的基本情况无过失，可以直接将日常表现成绩评定为优；如果违纪情况较多（例如一学期旷课超过 3 次），可以直接将日常表现成绩评定为不及格。对于社会实践部分评分，社会调查和实践成果由老师评分，社会实践中的表现由学生自评与同学互评相结合。同学之间可能存在因相互吹捧或互有成见而出现打分过高或过低的现象。为了避免这种情况发生，可以去掉 5% 的最高分和最低分，再计算总分，最后取平均分。由于种种原因，部分学生的自评可能过高或过低，因而学生的自评必须说明理由。只有理由充足，他的自评成绩才能计入总分，否则不算。成果得分和表现得分按一定比例综合即得社会实践得分。最终，将 3 个模块的成绩按照一定的比例进行整合，整合后的成绩即为该课程的学习评定成绩。最佳的比例是 4∶3∶3 或 5∶3∶2。这一比例既考虑到理论知识掌握的必要性，又最大限度地考查学生的行为表现和实践能力。

课程思政评价需要根据实际教学效果来开展，必须对思政教学过程中存在的问题进行分析，包括从教师角度发现的问题和从学生自身角度发现的问题。主要根据学生对课堂教学效果反馈的问卷调查、在线课堂的交互情况、课后知识点的在线测试结果、作业的完成情况，进行课程思政教学反思，及时调整课程思政教案设计，不断完善课程思政教学的实践过程。尤其需要注意的是，课程思政评价不是直线进行的，而是螺旋式进行的，需要不断进行课程思政教学过程的迭代改进，不断发现问题、解决问题，不断进行课程思政教学优化，从而提升课程思政教学效果。

第 3 章

专业课程思政教学创新方法

3.1
机械类专业课程思政使命和特点

高校是培养和造就高素质人才的摇篮，教学是保证人才培养质量的主要载体，因此，高校教育教学已成为引领国家社会未来高质量发展的重要引擎。新时代对工科专业人才培养目标的定位是培养造就一批具有创新创业能力、动态适应能力、跨界整合能力的高素质复合型卓越工程科技人才，定位于满足国家战略实施、产业发展和未来工程发展趋势的各领域技术骨干或领军人才，具备优秀发展潜力。课程作为实施教学、承载培养目标、体现人才培养模式的基本功能单元，既要传授专业知识，又要传递社会主义核心价值观，实现思政育人功能。在构建课程思政建设的“三全育人”大格局下，对机械类专业课程充分发挥思政教育作用提出了新的挑战，通过挖掘各门课程和教学内容、方式中蕴含的思想政治教育资源，优化课程建设、唤醒课程育德功能，使课程思政与思政课程同向同行，发挥协同效应、合力育人。

制造业是立国之本、兴国之器、强国之基，2015 年国务院发布实施《中国制造 2025》，从国家层面确定了今后 30 年建设制造强国的总体战略。党的十九大提出，加快建设制造强国，加快发展先进制造业。结合国家重大发展战略和新时代的人才需求特点，机械类专业课程在传承知识的同时，需要以人为本，将立德树人作为教育的根本任务，积极挖掘教学内容中蕴含的思政元素，与知识传授深度交融，使专业知识与课程思政同频共振，为国家培养理论知识扎实、思想道德高尚的高水平工程人才。机械类专业因其学科优势和专业特色，其课程思政具有下述使命和特点。

3.1.1 机械类专业课程思政使命

“课程思政”对机械类专业课程教学提出了新的要求，需要将马克思主义理论贯穿到教学全过程，立足机械类专业课程特点，深入挖掘思政理论资源和要素，从战略高度构建思政理论课、综合素养课、专业课“三位一体”的协同育人课程思政体系，在课程中体现中国传统文化及制造业伟大智慧思想，最终培养出合格、高素质的机械制造专业技术人才。

（1）构建“四位一体”的课程思政育人目标

在新时代，围绕立德树人根本任务，培养德、智、体、美、劳全面发展的社会主义建设者和接班人，机械类专业课程思政教学目标需要和社会主义核心价值观相适应，应涵盖体现国家意识的国家层面、体现社会价值的社会层面、体现职业素养的个人层面，培育学生“明大德、守公德、严私德”的品格。目前在我国普通高校中，理工科院校约占高校总数的半数以上。几乎所有的理工科院校都设有机械专业，但是目前从机械专业的课程培养目标来看，在课程教学尤其是专业课程教学过程中大多忽略了思想政治教育，课程思政理念尚未深入人心、存在教书与育人相分离、学科德育资源不足、思想指导作用不显著、课程设置缺乏资源协同、学生期望的专业教师发挥价值引领功能与专业教师思政教育实际作用不匹配等问题。“课程思政”工程的实施，为高校机械专业发挥思政教育功能提出了新的要求和挑战。

机械类专业课程思政有效落实的前提是构建以政治、社会、道德及其他作为主要支撑的

“四位一体”思政育人目标，通过分析机械类专业的特点与优势，设计出融入思政元素的专业培养方案、专业课程大纲、思政案例以及思政实践活动，体现出机械类专业体系的重要思政育人元素，构建出具有“精益求精”工匠精神，具备机械设计、机械制造与机械控制能力的混合型人才培养体系。机械类专业课程以培养学生在机械设计制造相关领域的知识、技术和能力为目标，将价值塑造、知识传授和能力培养的思政育人理念贯穿教学全过程和各环节，增强学生对我国制造业发展成就的民族自豪感，培养学生为实现我国制造业由大变强历史跨越的使命感。

（2）构建符合国家发展战略需要的课程思政育人体系

高校作为高层次创新人才培养基地，为国家战略转型和高质量发展提供重要的人才支撑，机械专业人才质量影响着中国制造2025和工业4.0智能制造的发展形势。因此，机械专业课程思政既要顺应教学改革的要求，也是推动国家制造业发展创新的重要保障。立足国家制造强国战略需求和“十四五”规划目标，机械专业要从立德树人根本任务出发，创新专业教育与思政教育同向同行的课程思政育人体系。在教育教学过程中，不断强化“大思政”理念，立足顶层，设计全员全程全方位的“三全育人”机制，优化配置校内外课程思政和思政课程教学资源，培育有情怀的专业课教师队伍，合理制定教学考核机制，挖掘高校自身专业特色和质量品牌，以期切实提高未来新工科人才的政治素养和职业精神，为提高学生培养质量、促进国家可持续发展发挥重要作用。

机械类专业课程思政应该突出专业课程教学的育人导向，适应国家和地区经济发展战略需要以及社会变化对人才的需求，根据自身实际情况在质量和特色上下功夫提高教学质量，围绕新技术产业精心布局新工科，潜心提炼新工科人才培养的核心目标，全面提升工程教育质量，培养出具备专业技能、人文情怀与科研素养的高素质工程人才。例如，开展重大机械工程项目考察和历史重要机械工程寻访等教学活动，让学生从课堂案例和实践体验中感悟祖国的日益强大，增强民族自豪感和勇于担当、振兴中华的责任感。如：重点聚焦中国特色社会主义道路下的科技强国战略，通过对华为5G技术、C919国产大飞机制造等当代重大工程的学习，让学生厚植爱国主义情怀和坚定“四个自信”，从国家意识层面树立理想信念和爱国情怀。同时，中华民族的伟大复兴与当代学生的社会责任和法治意识密切相关，教学过程中把责任感教育融入机械工程理论和实践教育之中，培养学生在国家机械行业发展、工程基础设施建设中的“螺丝钉”精神。岗位无轻重，贡献无大小，要在一段路、一座桥上彰显职业操守，在每一米、每一尺上培养匠心精神，牢记任何行业发展所取得的一切成果来源于人民，也必将服务于人民，从社会价值层面培养学生的社会责任感和法治意识。

（3）探索教育国际化背景下的课程思政育人途径

教育国际化是21世纪各国大学所追求的一种新理念，世界发达国家无不通过教育国际化来提高大学的办学水平和培养具有国际竞争力的人才。当今世界正处在一个急剧变化的时代，世界各国都在努力探索符合时代特点的教育模式和改革方向。追求一流的教育，一定要站在国际教育的大平台上审视和谋划自己，相互学习和借鉴，既要看到自身的特点和优势，又要看到与一流教育的差距，看清改革发展的方向。中国在融入世界，构建人类命运共同体需要一大批具有国际视野，愿意并善于跨文化沟通、交流、理解和合作的国际化创新人才；需要更多了解中国、理解多元文化、有志于搭建中国与世界纽带的各国优秀青年。教育对外开放和国际合作也是教育多样化发展的需要。搭建国际化的教育平台，不仅能够让中国的孩子看到一个更大的世界，也可帮助各国年轻人理解世界的多元文化，认同文化差异，尊重不同文化，更积极寻求人类的共同之处，从而携手应对人类共同面临的复杂问题，促进人类社会的可持续发展。

《国家中长期教育改革和发展规划纲要（2010-2020 年）》明确指出，要加强国际交流与合作，借鉴国际上先进的教育理念和教育经验，引进优质教育资源。《上海市教育发展“十四五”规划》提出教育对外开放提质增效，是上海教育国际合作在新时代下的更高要求，包含了各方面任务：加强校际合作，提高人才培养质量，尤其是多语种、复合型人才的培养；引进国际教育组织，加强已经落地的专业性教育国际组织建设，提升在国际教育舞台上的话语权和影响力；引进一流教育资源，推动走出去办学，服务建设教育强国的国家战略。

教育国际合作的初心，在一定程度上也是改革开放的初心，关注全球问题，参与全球事务，向世界学习，吸收和借鉴各国教育发展的经验，提升教育质量，同时也向世界展示和推介中国教育改革的经验，让世界真正了解中国，这是双向的进程。教育对外开放提质增效，需要中外学校努力寻求共识，追求共赢；更关注合作的目的和内涵，在形式上可以灵活多样；应该搭建各种平台，保证可持续发展。如何加快国际化工程型人才培养进程，扩大高端国际化工程型人才的数量和提高培养质量，是值得高等教育领域探索的问题。因此，提高我国教育国际化水平是当今机械制造专业人才培养的发展方向，是思政工作不可忽视的重要阵地。机械类专业课程思政的创新要从文化交流传播、行业社会实践等方面入手，探索教育国际化背景下机械制造类课程思政教育工作的新方法、新途径。一是加强海外高端人才的国情教育。选派海归机械专业教师到相关企业、行政事业单位、行业协会等挂职，帮助其实现国际化和中国化相结合、研究方法和现实案例相结合。组织学习参观、技术对接、企业考察交流等活动，帮助高端人才深入了解制造业国情、民情，克服“水土不服”现象。二是举办“中国故事”课程体系与实践活动。为外国留学生增开“中国故事”课程，举办“中国故事”实践活动，融入体现中国传统发明与制造智慧的故事，通过校园文化活动、传统文化体验平台强化实践认知，通过参与社会志愿服务、公益活动，强化对中华传统美德内涵的认知。

（4）达到“知情意行合一”的课程思政育人成效

课程思政要求从育人本质出发，发挥所有课程育人功能，其教育结构要实现价值塑造、能力培养和知识传授的多元统一。2020 年教育部颁布的《高等学校课程思政建设指导纲要》中提出，推动工科院校工程实践环节教学，进而形成统筹推进实践育人工作格局。课程思政是高校育人过程中具有长期性、战略性的重大系统工程，不仅关注学生课程习得的短期行为表现，更关注学生内化心灵、知行合一的长期形成性行为表征，强调学生学习越接近“学生的真实学习经验”，学习成果越能持久存续。将理论课程与思政课程理论与实践相统一，将知识传授和价值引领相统一，促使各类课程发挥协同育人效应，形成贯穿始终、协同合作的“大思政”格局。机械类专业课程思政是理论教育问题，更是一个实践问题，要求教育者以科学思维、工程思维和创新思维催生科学探究、工程实践和创新动力，塑造决定工作品质的科学精神、工程师精神和创新精神，保持良好的服务国家、奉献社会的素质修养。

机械专业学生在学习学科基础知识及专业知识的同时，期望教师从行业背景及专业的维度，帮助他们更全面地了解行业、认知专业、展望未来。机械类专业任课教师应始终将“育人”隐性地渗透于“知识传授”的课堂，利用自身在机械设计制造相关领域的知识储备和科研教学工作积累，以高水平科学研究促进高质量课程思政教学，同时，将教学过程与学生真实人生际遇和心灵困惑相结合，实现学科基础知识、专业知识和实验实践知识的传授与思政育人的有机结合。此外，建设创新竞赛平台、校外社会实践平台或国际学术交流平台等，瞄准新一代信息技术、人工智能、智能制造、新材料、新能源等世界科技前沿，加强对可能引发机械产业变革的前瞻性、颠覆性技术的研究，夯实学生的科学知识基础和专业素养，培养学生富有活力、智慧引领的创新精神。在教学活动中让学生自觉、自由、自信地形成职业素养。

目前，机械专业集中实践教学环节在人才培养中的占比接近四分之一，对实验、实习、实训、课程设计、毕业设计等实践环节课程思政的研究明显偏少。工程实践教学可实现对企业实际生产及科研场景进行模拟和再现，实践环节的思政设计应贯穿课程设计的选题、题目凝练、实验操作训练和实践效果的总结分析等全过程，将思政教育渗透到工程实践课程环节中将对大学生未来工作、生活产生直接影响。依托于课堂教学的重塑，设计协作学习的工程实践环境，将理想信念、科学精神、人文修养具象化、现实化，融入专业理论和实践教学，让学生成为教学活动的主体，引导学生以主动探索求知的方式学习、发现和解决问题，从“单声道”灌输到“双声道”互动，从概念性理解转变为自主导向学习，通过多层面、多环节教学培养学生的系统思维、思辨思维和创新思维，提高学生的科学精神和工程意识，加强学生的团队协作能力、沟通交流能力，最终内化为价值观，外化为胜任力、执行力。构建理论教学和实践教学协同育人模式，最终达到以知促行、以行求知、知行合一的目标要求，实现学生对专业知识与价值引领“知情意行合一”的育人成效。

3.1.2 机械类专业课程思政特点

机械专业学科定位与人才培养要求、机械专业学习的工程性及其本身鲜明的价值导向特点是机械专业开展课程思政的学科优势。机械专业中思政教育元素丰富多元，所涉及的人、事、物都能体现家国情怀、映射社会责任、彰显工程意识和弘扬科学精神。新时代背景下的专业课程思政教育依托于专业的思政教育形式，将丰富的思政教育元素潜移默化地植入学生心中，提升“融入”质量是重点。因此，专业课程思政教育的素材案例的提炼、目标和方法的设计，首先依赖教师对自身的专业知识是否有较深的理解，只有教师对专业知识有深刻的理解，才能挖掘工程学科中本身蕴含的哲学思想和科学逻辑，从而敏锐地觉察到思政元素的存在，正确地评估、剖析这些思政元素在知识点构成中的分布及其与知识和能力目标的结合度，以及从专业课程体系的高度，将思政教育的案例有机地融入每一门专业课程。因此，机械类专业课程思政应具备以下特点。

（1）注重通识性、契合度与灵活性，坚持专业知识传授与思政元素引领的交互统一

思想认知与知识技能协同发展、相辅相成，促进大学生成长成才是思政育人的根本要义，教学内容与方法改革是坚持专业知识传授与思政元素引领交互统一的有效路径，也是学科德育及课程思政教育教学改革的核心。思政内涵融入机械类专业课程，表现在教学内容前沿化、思政元素有机融合化和专业知识实践化，采用结合案例教学、讨论式教学和现场教学等一系列行之有效的教学方法，以具有机械类专业特征的案例为大学生呈现思想政治教育特色内容。

在教学过程中，要注重课程思政的通识性、契合度与灵活性，将专业知识传授与价值意蕴传递有机结合，积极有效地回应学生关注的社会问题，确保教学内容与主流价值观相符合；在科学把握课程知识框架的基础上找准结合点、切入点，自然而然地培养学生的科学精神、工程思维和创新意识，契合学生的未来发展需求；切忌牵强附会、生搬硬套，需要在科学把握知识框架和教学内容的基础上，找准“燃点”，将理论融入叙事、用叙事阐明道理、以道理引发认同，点燃学生的思想共鸣，树立矢志创新、科技报国的志向。

对于偏重技术培养的机械类专业而言，如果教师能够挖掘出专业知识中的思政元素，将其融入授课内容，有意识地引导学生思考，那么不但能用科学武装头脑，更能用人文滋养心灵，不但教授学科知识技术，还使国家使命责任永续传承。不仅有利于学生对本专业的发展历史、技术现状、存在问题、“卡脖子”技术、发展趋势等有更深入的认知与思考，激发学生的历史责任感和使命感，而且能够帮助学生树立正确的世界观、人生观和价值观、拥有健康的心理状态，引导学生以正面的认知思维掌握技术技能，培养学生综合分析的能力、登高望远的能力及驾驭自身职业生涯规划的能力。有目的性地深入整合专业知识点和思政元素，发掘课程中的案例故事，实现工程教育与思政教育的同频共振。

课程思政教育是专业教育与思政教育的平衡与双向互动，对教学技能提出了更高的要求。教学经验丰富、教学技能高超的专业教师更善于用严密的逻辑、自然协调的教学设计，将专业知识与思政元素浑然一体地植入学生的专业认知框架体系中，实现“春风化雨”“润物无声”。因此，熟练掌握和应用教学技能，特别是信息化的教学手段，有助于教师根据不同的知识点和思政元素之间的差异，营造出不同的教学情境，引起青年学生的情感共鸣，实现更好的隐性教育效果。例如教师在教授“工程制图”这门课时，紧紧围绕“立德树人、感恩祖国”内核，激发爱国主义情感，从知识引入，课程讲授，再到课下实践的每一个教学环节，都可以结合国家重大工程任务的开展讲述机械工程的变迁发展及其中的感人故事，每一个平凡故事的背后都有其重大的意义阐释。例如，讲述齿轮画法章节时，可以结合新冠疫情背景下各行各业坚守岗位、担任社会运转的齿轮，激发学生的爱国情怀和责任意识，还可以讲述国徽上齿轮的设计故事及国徽上各部分的含义，向学生传递中国人民自强不息、艰苦奋斗的伟大精神。在教授专业课程例如机械制造类课程时，结合《大国重器》系列视频了解制造业强国战略，组织学生广泛讨论引发思考，激发民族自豪感，帮助学生树立远大理想和爱国主义情怀，厘清个人发展与祖国命运的关联价值，为实现强国之梦打下坚实基础。

（2）学史明智、鉴往知今，以具有机械特征的丰富案例深化思政育人内涵

纵观人类社会发展历程，机械工程知识在生活、生产建设中得到了广泛应用，机械工业水平在很长一段时间内都主导着科技的发展。古往今来，泱泱中华几千年伟大文明让世界为之震撼；放眼全球，设计或施工缺陷导致的工程事故发人深省。因此，在机械类专业课程中，涉及中国璀璨文明或大国精神的思政案例不胜枚举。在思政案例选择上，从华夏文明璀璨历史中挖掘思政元素、从党史百年奋斗历程中汲取丰富营养，上至五千年前良渚时期的玉石加工，到党领导下超精密轴系的研究，再到如今超精密检测领域的华为 5G 技术，利用古往今来的丰富案例不断深化思政育人内涵。

依托丰富的思政案例，形成“循次而进、环环相扣”的思政教学策略，课程教学过程中充分挖掘和丰富思政育人元素，将思想政治教育贯穿于课程教学的各环节和全过程，包括课

前导读、课堂教学和课后拓展三个教学环节，落实立德树人根本任务。在课前导读环节，以案例化教学形式将涉及中国精神、大国重器、工程伦理等思政要素的案例以故事性语言向学生娓娓道来，激发学生学习兴趣。以“精密加工技术”课程为例，在讲授“光整加工技术”的章节中，课程开篇利用视频和动图介绍清朝乾隆年间所创作的大禹治水图玉山，它是中国历史上用料最费、耗时最久、气魄最大的抛光玉器，选择“大禹治水”为雕刻题材，故事本身体现了中华民族的智慧和意志。讲授光整加工机理和特点时，以生活和工程中广泛应用的非球面眼镜片和精密光学透镜加工为切入点，加深学生对工程知识的理解和认识。在课堂教学环节，依据知识点开展模块化教学，例如在“精密加工技术”课程中，将各章节教学内容分为加工基本概念和原理模块、加工技术工程应用模块、加工技术工艺优化模块、难加工材料或复杂型面加工实践模块等，学生能够根据课程内容和深度进行弹性化学习，从而充分了解国内外各类加工技术的发展历史、现状及未来趋势，拓宽专业视野、提升工程实践能力。在课后拓展环节，采用开放式思考与讨论形式，引导学生关注热点时事新闻或国际重大历史事件，以小组为单位利用课外时间查阅资料、搜集工程案例、开展交流讨论，延伸学习的深度和广度。

同时，将党史、校史和学科发展史融入机械类专业课程教学中，培养学生人文情怀、强化学生党性意识并树立学生的职业追求。例如，在机械制造类课程教学中，从建党之初国家加工制造业基础薄弱，落后就要挨打的处境，讲到建党百年之际，上海理工大学机械学院携手秦川集团打造的高速立式五轴加工中心，成为我国首台自主研发的2G高端数控机床，以及机械学院超精密制造团队自主研发的国内首台半导体激光器芯片解理系统，解决了芯片解理的“卡脖子”难题等，通过中国制造的力量激发学生的爱国情怀与使命担当。

（3）内外联动、多维互动，打造课内外协同思政育人系统

专业课程是深入推进课程思政建设的载体和平台。对于机械类专业而言，坚持以专业课程为依托，发挥学科专业的综合优势，在遵循思政工作规律、教育教学规律、人才培养规律的基础上，坚持“文理渗透、通专平衡”，有效集成各学科专业的思政育人资源，完善以通识教育为基础、以专业教育为根本、以素质教育为拓展的课程体系。突破不同类别课程教学之间的壁垒，系统性梳理各类课程中的“内生性”思政教育元素，在统筹协调中落实分类指导、在总结传承中推进创新探索，落实到专业人才培养的各方面。在课内外、校内外活动中，通过内外联动、多维互动，形成专业教育与思政教育同频共振、协同推进的局面，着力破除思政教育“孤岛”现象。

课程教师在校内外积极开展教学研讨活动，凝练并丰富思政育人元素，促进课程思政教学能力提升。例如，教师们在参观校内外红色基地如中共四大会址、院士风采馆等地时，随时随地展开思政教学研讨，在院士风采馆中参观到镜面磨削专家周勤之院士古稀之年仍然心系科研，常年埋头于车间和实验室时，教师们深受感动，并在课上将这种兢兢业业、永不止步的精神传递给学生。同时，团队教师积极将研讨中所获得的教学新理念、新思想凝练成高水平教学研究论文或高水平教学研究项目，以此反哺促进教学水平的进一步提升。此外，课程教师利用本科与研究生课程思政建设同向同行，积极推进“本研”一体化课程建设，通过与学生支部共建关于“制造强国、成才报国”等机械相关主题的交流活动，提升师生对思政教学的认识度和参与度，实现师师互动与师生互动的多维互动思政育人模式。

此外，依托校内外导师共同思政育人实现课程思政内外联动、工程培养，指导学生学习

专业知识，明确基于成果导向的目标，使学生理解机械工程师应具备的专业素养和职业道德，正确合理评估工程项目中的环境与可持续性，熟悉机械工程领域主要生产装备的国产化水平及计算机应用现状，增强生产管理及资源规范中的责任心及全局意识。例如，通过校内外导师的联合，挖掘航空航天领域中涌现的先进个人最佳案例，在满足学生对中国航天技术基础概念理解的前提下，将思政教育融合切入机械专业课程教学中，通过讲解运载火箭的知识、我国航空航天高端制造装备与技术发展、中国空间站建设等内容，让学生深入了解航空航天装备研发生产过程，通过案例分析、实践练习等环节培养学生思维能力，提升课程思政的学习体验和成效。学生们在榜样的引导下，对今后要从事的职业有了明确的人生规划目标，思考理想、责任、人生和信念，使学生具有民族责任感和专业使命感的同时，提高了学生的思想政治素养，实现协同育人、全员育人和全方位育人的立德树人目标。

（4）立足行业需求与国家战略需要，形成基于自主学习能力培养、工程创新能力驱动的思政教学方法

机械类专业课程的传统教学过程中，往往只注重教师向学生单方面传授理论知识，以板书结合课件的方法开展课程教学，缺乏学生对相关知识的自主学习和实验实践过程，不利于培养“工程型、创新性、国际化”的高水平人才。因此，构建基于自主学习能力培养、工程创新能力驱动的思政教学方法显得十分必要。教学过程中将思想政治教育内容与机械行业需求相结合，不再是传统教学模式下简单、直接、说教式的教学内容，而是融入了机械专业特色和为人处世原则的专业内容，引用了与机械专业息息相关的案例，如“蕴含在齿轮设计中的哲理”“对产品设计缺陷引发安全事故的思考”“由一颗螺丝钉窥探制造业中的工匠精神”等。这些案例贴近机械专业学生的专业课程内容，是看得见的思想政治教育内容，有助于激发学生们的学习兴趣，从而更好地培育学生正确的职业观。恰到好处的案例符合机械专业学生的学习需求，体现了“以学生为根本”的教学理念。

课程教学中注重贴合国家战略需求和时代发展需要，选取最新的思政育人案例，将新时代的思想政治教育内容融入书中，一方面，阐述社会主义核心价值观的主要内容，即“爱国、敬业、诚信、友善”。例如，“优化设计教学中的爱国主义教育”案例体现了爱国主义培养内容，“以提升专注度为核心的敬业教育”案例体现了敬业精神的培养，“诚信教育：大众排气门”案例体现了诚信理念的培养，“基于汽车专业角度的友善教育”案例则体现了友善方面的主要内容。另一方面，采用理论知识讲授与科技兴国相结合的思政育人方法，用典型人物事迹和先进的科学技术案例作为思想政治教育内容，包括无人驾驶技术、5G 通信技术、大数据技术、芯片技术等。例如，在航空航天高端制造技术中的热处理、钣金与焊接专业知识应用实践中，以工匠人物高凤林为典型案例。高凤林是中航一院的焊工，负责焊接长征运载火箭，目前中国 40% 的长征系列运载火箭的焊接工作都离不开他，他凭借高超的技艺成为焊接火箭发动机的核心人才，在岗位上至今已坚持 30 余年，曾先后攻克 200 多项难关，累计为 90 台火箭焊接过发动机，为中国航空事业作出了巨大的贡献。通过国内外典型案例，立足行业需求与国家战略需要，形成基于自主学习能力培养、工程创新能力驱动的思政教学方法，落实机械专业“课程思政 + 专业育人”的融会贯通专业育人措施。

（5）理论与实践并重，坚持搭建学科交叉协同攻坚的产学研贯通平台

培养新时代社会主义事业接班人是国家实现智造强国战略的重要保障，针对目前机械专

业学生课程思政培养较弱的教学现状，依据新时代立德树人的任务需求，为提高未来新工科人才的政治素养和职业精神，需要更新立德树人的教育理念，创新专业教育与思政教育同向同行的教学培养模式，强化大思政育人理念，立足顶层设计“三全育人”机制，优化共建“专业育人”课程资源以及制定协同教学考核体系，形成专业知识传授与思政元素引领交互统一、学科交叉协同攻坚的产学研贯通教学平台，使机械类专业教学培养（育德、育智）符合地方区域期望和经济发展实际，进一步推进国家有效实施创新驱动发展战略，实现产业结构转型升级，形成特色产业和质量品牌。

教育部高等教育司司长吴岩认为，课程思政是一个勘探、发掘、冶炼、加工的过程，是专业知识与弘扬真善美的结合。这个过程是把一个个冰冷的知识点讲述成有温度的知识产品的过程，在这个转化过程中凝聚了无数同行先辈的青春岁月、家国情怀、工匠精神、责任担当、伦理道德等。通过将国家实事大事贯穿其中，例如新冠疫情期间将“喷洒农药机器人”改造成“消杀抗疫机器人”的爱国主义事件等讲给学生，把国家使命担当意识刻在学生心中，将以课程思政为主要内容的家国情怀教育作为机械类专业人才培养的关键，挖掘各类课程中蕴含的思政教育元素，以科研项目或创新大赛形式为牵引，结合课堂内外协同育人机制，有效嫁接在校企实践平台、企业研究生工作站、协同创新中心中，构建产学研贯通教学平台。教师通过多媒体课件教学与板书相结合、课内外工程实物展示、课堂研讨互动、加工机床操作实践等教学手段，形成“专业理论、自主学习与科研实践”互动的教学模式。一是基于科研和工程项目相关资料，向学生展示与课程内容相关的工程实物，如在机械制造类课程教学过程中，课堂上展示激光增材制造的钛合金人工关节、磁辅助抛光的光滑自由曲面、电化学加工的内外壁弯管等，结合多媒体智慧教室和线上/线下教学资源还原实际加工过程和制造环境，进行现场讲授和互动，增强学生提出问题、分析问题和解决问题的能力。同时，引导学生在课外通过图书阅览、网络搜索等方式自主搜集并拓展与课程内容相关的工程案例，并在后续课堂上以个人或小组形式对案例中涉及的专业知识和思政含义进行分享讲解，并与班级同学开展互动讨论。将传统教师讲授的教学模式局部转变为学生主观能动性较强的知识研讨和案例分析等思辨学习模式，通过学生自主学习及知识探讨，既达到了加深理论知识理解的目的，又实现了全员育人的思政浸润。二是依托校内外各类与教学内容相关的国家级、省部级实验室及实验实践基地，以及自主搭建的教学实验平台，指导学生参与教师科研项目并组织学生开展创新或开放实验，将学生分为若干实验小组，每组成员全员参与。学生从加工轨迹编程到工艺参数的合理调节，再到加工质量检测和分析，自行设计并参与机械制造全过程，学生能够直观、全面地了解机械加工机床的结构组成并明确工程应用中不同制造方法的差异，从而提升学生工程应用实践能力、培养学生精益求精的学术态度，最终实现理论讲授与科研实践协同育人。

综上所述，在百年未有之大变局和社会全面转型的时代背景下，高等教育改革从专业定位、培养目标、培养方案、课程体系、课程设计、教师队伍、质量管控等方面，完成专业知识讲授、思政素养培育、思政课程群建设、思政元素管控等育人功能。大思政课建设趋势下，需要将思想政治教育贯穿机械类专业课程教学过程中，深入推进爱国主义教育，增强学生对国家的使命感、认同感和归属感，实现价值引领和知识传授、创新创业能力培养的有机统一，教师教书和德政育人的有机统一，使得专业教学与思政育人同向同行。

3.2

机械类专业课程思政模式

3.2.1 “1234”课程思政教学模式

机械类专业课程包括专业基础课、专业核心课、专业选修课以及综合实践能力课四大模块。机械专业课程思政是顺应时代发展、培养学生德智体美劳全面发展的重要抓手，让学生在学习机械专业知识的同时，掌握事物发展规律、丰富学识、塑造品格。机械类专业课程思政主要建设以学生为中心的线上线下混合式课程思政教学内容，如图 3-1 所示。

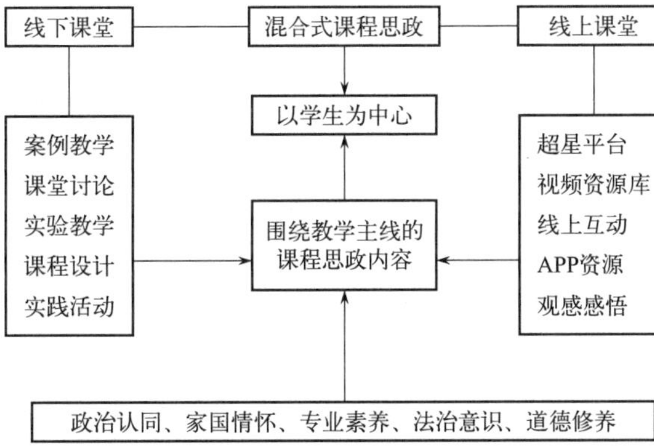

图 3-1 以学生为中心的混合式课程思政教学内容

笔者近几年一直从事机械专业课程教学，根据机械专业学生重感性认识、对专业课程的学习兴趣较浓等特点，在教学中努力把思政元素融入课程教学内容，并持续总结教学经验，反思教学过程，借鉴国内外相近学科先进的教学方法创设了集趣味性、隐蔽性、系统性为一体的渗透式思政教学法，构建了“1”个核心、“2”个定位、“3”个特色、“4”种做法的机械类专业课程思政教学模式，如图 3-2 所示。

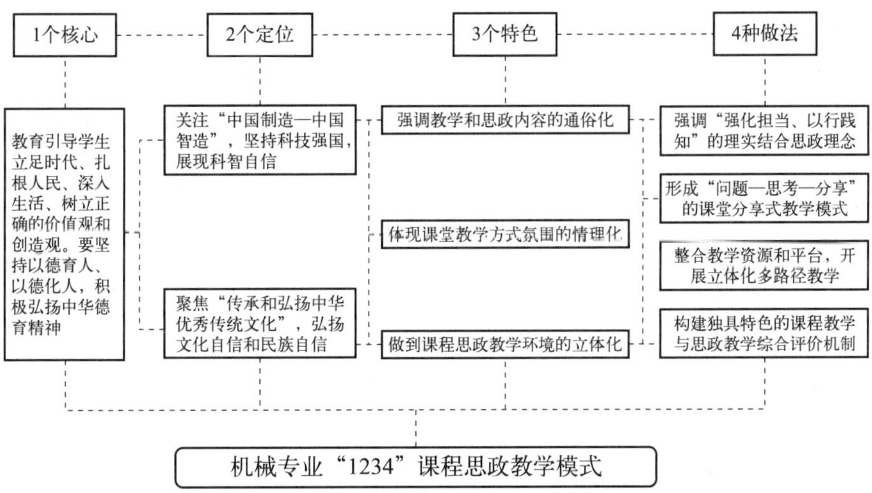

图 3-2 机械专业“1234”课程思政教学模式

（1）1个核心

将与机械类专业课程相关的思政元素巧妙地融入课程教学中，引导学生厚植爱国主义情怀，培养学生勇于探索和严谨务实的科学精神，养成正确的世界观、人生观、价值观；同时使学生具备一定的职业素养和社会责任意识，真正实现课程育人、专业育人。

（2）2个定位

1）弘扬中华优秀传统文化，增强文化自信

在讲授“制造的内涵”的教学内容时，对制造的定义进行讲解，可以对“制”和“造”进行汉字溯源和词义辨析。结合甲骨文、金文、篆书等写法，理解“制”与“造”的原始含义。按照金文的写法，制字可以表示为：制＝禾、庄稼＋刀，表示用刀来修剪庄稼。进一步，制的篆书（）则可以表示为：制＝木＋刀，表示用刀来剪断树木。而本课程所讲授的机械制造，也是用刀具切削加工金属。同样，还可以对“造”字进行汉字溯源和词义辨析，“造”通“作”，“作”是会意字，甲骨文和金文原作“乍”，乍是会意字，从刀从卜，表示用刀在龟甲上进行刻画。综上所述，制与造的原始含义都表示：用刀来切或者加工物品。通过上述的汉字讲解，在建立起制造与本课程中金属切削加工联系的基础上，弘扬了中华优秀传统文化，增强了学生的文化自信心，树立了爱国、爱家情怀。

2）树立学生的技术报国情怀

教师通过对“东芝事件”的案例讲解，引出数控机床对国家安全的重要性，以及西方的瓦森纳协定对中国数控机床的技术封锁现状，鼓励学生树立技术报国决心，突破技术封锁；学生查阅并学习倪志福发明“三尖七刃”麻花钻的先进事迹，感受钻研和创新精神，培养学生的技术报国情怀。

（3）3个特色

1）强调教学内容和思政内容的通俗化

课程思政融入专业课程教学不能仅仅停留在简单的讲和说上，而要更多地与实际需求相结合，做到使深奥的道理通俗易懂，由板着脸的空泛说教变成理实结合的通俗讲解。教师要根据机械类专业课程的不同内容，挖掘现实生活中既包含机械设计和制造的内容，又包含思政教育元素的案例，让课程思政贴近实际、贴近生活、贴近学生。

2）体现课堂教学氛围的情理化

情是艺术，理是科学。课程思政要以理服人、以情感人，教学内容和思政元素结合要突破“满堂灌”“一言堂”的传统模式，改变“填鸭式”“灌输式”，采用启发式、疏导式、直观式、讨论式教学法。

3）实现课程思政教学环境的立体化

在课堂教学中，教师要充分利用已有的教学资源和教学平台，围绕教学内容主动创新教学手段，积极采用影像资料法、案例分析法、调查研究法等相结合的立体教学法，灵活地开展课堂教学。教师将机械设计和制造的专业知识跨界融合，挖掘其中的课程思政元素，形成立体的思政元素体系，并将这些思政元素融入机械产品设计方案中。

（4）4种做法

1）强调“强化担当、以行践知”的理实结合思政理念

教师教学从“第一课堂”延伸到“第二课堂”，在课程教学期间带领学生到实验室采取现

场教学的形式，分析和讲解机械产品和零件的设计理念与设计过程，不仅向学生讲授专业知识，更让学生在精神层面与思想认识上得到提升，打造“强化担当、以行践知”的精彩课堂。在外出调研、专业考察、社会实践等课程实训过程中，严格要求学生遵守社会公德，培养良好的行为习惯。教师用实际行动引导学生爱护公物，遵守社会秩序，爱护环境，履行社会职责，促进学生在掌握专业技能的同时，提高思想觉悟和综合素质。教师引导学生关注“中国制造”机床品牌，挖掘中国故事，聚焦中国文化，激发学生的学习兴趣，活跃课堂气氛。教师通过在课堂上讲解中国故事和中国文化，不但让学生感受到先人的传统制造文化之美和匠心之韵，而且提高了学生的鉴赏能力和历史素养。

学生在完成专业设计调研的同时，了解了中国灿烂的传统文化，增强了民族自豪感和文化自信。教师在实践教学中充分挖掘社会项目与专业课程的思政资源，将专业课程中发掘的文化基因和价值观念转化为弘扬社会主义核心价值观的生动教学载体，把社会主义核心价值观的要求、实现中华民族伟大复兴的理想和责任融入机械产品设计专业课程的教学中，引导学生把中华优秀传统文化融入机械产品设计，激励学生自觉把个人理想和追求融入国家与民族的事业。

2）形成“问题—思考—分享”的课堂分享式教学模式

教师讲授理论知识后，给出 5~6 个小课题进行讨论。组织 5~6 人为一组。首先，学生小组每个成员根据选题将课程思政元素融入专业内容后自拟问题。其次，小组各成员分工明确，各司其职，其中 2 ～ 3 名小组成员梳理问题，并对所梳理的问题进行归类，提出解决思路。最后，每组汇报融入思政元素的设计方案。教师在听完汇报后，结合教材和课程作业分析拟讨论问题的合理性，引导学生思考，并融入学生小组讨论现场，关注学生讨论动向，解答学生遇到的问题。通过这样的分享式教学，学生最终掌握了运用设计元素结合思政理念来表达设计的基本方法，实现了从“学会”到“会学”的转变。自由和谐的课堂氛围，让学生在学习中获得快乐，帮助学生找回学习的自信心和自豪感，提高对课程思政的兴趣，增强学生间的协作意识和竞争意识。

3）整合教学资源和平台，开展立体化多路径教学

教师的授课方式从传统的输出式教学模式向以学生为主体的互动教学模式转变。教学中通过线上线下对多种教学资源和平台的整合，采用讲座、现场讲学、线上线下等多路径课堂教学模式，使学生更加主动地参与到课堂教学中。教师通过全程的跟踪记录，搜集学生在完成本课程后撰写的反馈及感悟，整理公开展示资料，举办线上线下展示活动，开展立体化多路径教学。

4）构建多元化课程教学评价机制

根据课程的特点突出学生自学能力、应用能力和创造能力的考核，在考核中加大了形成性学习评价环节，提高了课前线上学习和课后线上作业和报告所占比例，由考核知识转变为考核学生对知识的综合运用，形成一套完善的多元化的课程考核评价体系，即设计形成性与终结性相结合的考核体系，课前（线上）占 15%，课堂（线下）占 15%，课后（线上）占 20%，闭卷考试占 50%。

3.2.2 机械专业课程思政的方法与成效

（1）通过思政重构课程内容，让学生入心

课程思政既不是“课程 + 思政”，也不是课程“思政化”或者“去知识化”，而是对所有

课程发挥育人功能的新要求。教师开展课程思政必须在挖掘课程所蕴含思政元素的基础上，对课程内容进行重新认识和重构再造，将所挖掘的思政元素有机融入课程教学，实现所讲授课程在思想政治教育和知识体系教育上的有机统一，进而达成育人和育才的统一。教师把所挖掘的思想政治教育元素融入课程教学，不是一道简单的物理工序，而是一次充满挑战和艺术的“化学反应”，是一项复杂而精细的育人工作。教师重新认识和梳理课程结构、教学内容、教学方法等，对思想政治教育元素的融入进行系统化、再造性的设计和实践，体现到课程教案、课堂教学、实践教学、学生自主学习等各方面之中，实现课程知识教育和思想政治教育的有机统一。

“机械制造技术”课程中的定位及定位误差分析知识点是课程教学难点，也是工程应用的重点。如何让学生理解、接受和掌握是该知识点的难点。在讲授知识点之前，授课教师先从学生军训军姿“向右看齐”切入，学生很容易从亲身经历中意识到基准和看齐的重要性；接着引入毛主席在党的七大预备会议上讲过的一段名言：“要知道，一个队伍经常是不大整齐的，所以就要常常喊看齐，向左看齐，向右看齐，向中看齐。我们要向中央基准看齐，向大会基准看齐。看齐是原则，有偏差是实际生活，有了偏差，就喊看齐。”将基准和看齐意识的重要性上升到社会科学高度（基准知识点）。更进一步地，明确了偏差是实际存在的，尽可能地缩小偏差（定位误差知识点）是矢志不渝的目标。由此把自然科学和社会科学有机结合在一起，从而上升为哲学方法论的高度。回到课堂教学中，定位元件是夹具中的基准，零件固定在夹具上需要与定位元件接触（向定位元件看齐），“看齐是原则，有偏差是实际生活”。因此零件固定在夹具上可能存在定位误差。“有了偏差，就喊看齐”，所以要减小甚至消除定位误差。

（2）通过思政丰富教学内涵，让学生肩负责任

同样是“机械制造技术”课程，在讲授到定位误差与夹具设计的时候，主讲教师通过分组讨论引导学生总结出夹具结构简单但对人员素养要求高，为降低加工难度增加了夹具结构复杂程度，工艺技术要求低同时夹具结构简单等三种工艺夹具类别。从企业接受程度上分析了三种类别分别得到 60、80、100 的分数及其原因，这属于知识传授的过程。授课教师接着说：“这三种方案均为 100 分，都在行业实际发挥着作用；方案 1 背后代表了经验丰富的车间工人，方案 2 属于完全依靠设备，方案 3 则代表了智慧。这正是中国装备制造业从无到有、从弱到强的发展历史，这也是中国千千万万的产业工人从认识认知、消化吸收，到自主创造的奋斗历程。在缺乏信息、装备和资金等诸多困难情况下，中国人能硬生生地把两弹一星搞出来。我们现在的条件要好多了，不断创新进取，以不达目的决不罢休的韧劲，一代代坚持下去，一定能实现我们的理想和目标。”

在“机械工程材料”课程凝固热力学知识点讲授过程中，主讲老师播放了一段西藏军区一名战士打开一瓶矿泉水瞬间结冰的视频，引发学生的好奇心，引起了对过冷水、成云致雨、泼水成冰等自然现象的讨论。学生了解到，结冰不仅仅是一个相变过程，而且是一个界面过程。结冰时固相开始形核，当达到临界形核尺寸后，就会开始长大，并进而凝固成整个固相。而要使结冰得以顺利进行，得满足两个条件：一是要有足够的过冷度，二是要有形核核心。需要克服阻力形成冰—水界面，然后才能继续成长。冷却速度越大，过冷度越大，凝固越快；形核核心越多，尺寸越接近临界形核尺寸，越易形核。结冰是如此，铸造工艺背后凝固也是

如此，主讲教师顺势切入凝固热力学讲解中。最后总结时，教师引申到社会科学也是这样，比如班风学风养成需要有足够推力的同时（学院主导），更需要每一位成员有形核核心（学生主体）。

（3）通过思政教育提升职业素养，倾力锻造“筑梦人”

专业课课程思政是将专业技术与中国具体国情相结合，用生动的语言、鲜活的案例讲好中国故事的切入点。机械工程师应具备诚实、守信、正直、公正、爱岗、敬业、刻苦、友善、对科技进步永远充满信心、勇于攀登的品德；服务于公众、用户、组织及与专业人士协调共事的能力；勇于承担责任，保护公众的健康、安全，促进社会进步、环保和可持续发展的意识。教师通过建立线上思政课程、引入学术“大咖”讲座，言传身教、实践示范引领，增进专业自豪感，倾力锻造机械工程领域的“筑梦人”。在实践教学方面，以学科竞赛为导向的CDIO项目实践实现了工程素养熏陶、工程过程训练、工程科研创新的有机融合，对学生综合能力素质培养起到了关键作用。工程训练、数控加工实践、生产实习等课程使学生在掌握专业知识和技能的同时，深入了解职业规范、职业品德、职业责任的基本内涵，培养学生严格遵守操作规程、精益求精的质量意识、良好的工作习惯和安全生产意识，进而全面提高了学生的职业素养。学生们已深刻领会了敬业、精益、专注、创新的“工匠精神”，力求成为敢于创新、勇于实践的高素质技术技能人才。

（4）“工程德育”成为机械工程类课程思政的纽带

通过思政融合劳动教育，践行工程德育。工程德育之“工程”，指的不仅仅是机械工程技术，也是创造、实践。美国学者认为，道德伦理规范的灌输无济于学生道德水准的提高，真正的教育途径就是实践，让学生在实践中增强道德认识，提高道德责任感，培养道德情感。在共建共享课程思政案例的基础上，开展工程德育内涵建设，将“工程德育”融入课堂教学全过程，以“润物细无声”的形式将专业知识传授与道德品行、职业素养、学术规范培养紧密结合，形成体现机械工程专业特点的工科专业德育新模式。

劳动能够实现德与智的“二育”并举，机械工程专业劳动教育是工程实践的重要组成部分。一方面，劳动能够培养学生树立正确的人生观、价值观；另一方面，劳动可以强化学生对自然科学理论知识的体验和感受，开发学生知识学习的潜力，提升学生追求真知的能力。因此，在专业课程的理论教学和实践教学中设置专业劳动教育，把握“劳动”这一“思政元素”，就能联通知识育才与思想育人的双向维度，成功拓展思政教育与专业教育有机融合的空间，达到“化盐入水”的育人成效。实践性是工程科技的本质属性之一，崇实重干、专注敬业、规范严格、精益求精等品质是构成工程文化的核心要素。比如零件图纸与制造精度培养学生标准先行、科学严谨、创新自信的工作作风和大国工匠意识；工程训练报告注重培养学生学术品德及写作规范。这一过程中，学生收获的不仅是知识和技能，更重要的是对脚踏实地、敢于挑战、不畏挫折、团结协作、求新求变的工程文化的体验。

（5）加强教学、学工联动，形成协同育人机制，增强课程思政实效

课程思政需要学工部门的力量。加强教学、学工联动形成协同育人机制是学校构建全员、全程、全方位育人体系的重要体现。基于人才培养“灌浆期”“抽穗期”“拔节期”不同阶段，教学与学工部门需要深度协同、共同把握学生的成长需求和心理特征，在学风、考风、班风、

舍风建设上齐抓共管，抓好帮扶教育和预警机制；将课堂内和课堂外紧密结合，将教学改革与学生管理工作紧密结合，实现学生管理和教学管理的融会贯通，共同探索符合学生成长、成才规律的育人工作新路径。

（6）以“教法攻坚”为着力点推动专业课程思政的深度和广度

以“教法攻坚”实现知识重构，推动思政元素入脑入心，在多样化的课堂教学之中，在潜移默化中实现教育目标。在课堂中“润物细无声”地使学生在科学知识的学习中提升思想认识，引导学生正确认识世界和中国发展大势，正确看待中国与世界在科技文明发展过程中的协同，提升学生投身科学研究的信心与能力，增强中国特色社会主义事业理想信念。

（7）课程思政的终极目标是提升专业核心素养

在互联网技术爆炸的时代，教师不再是学生获取知识、价值构建的唯一来源，教师的优质属性已然下降。教师要思考如何“教”学生才能使学生变被动学习为主动学习，才能使学生从满足毕业标准到满足社会需求。教师要具备较高的政治素养、德育素养，还要有过硬的科学素养，以高尚品格感染高尚品格，以核心素养培养核心素养，实现知识和技能的传授，以及职业道德、职业操守和职业精神的培养。

3.3 机械类专业课程思政教学管理与评价

在发挥好每门课程的育人作用，促进课程思政建设，提高高校思想政治教育质量，更好地落实立德树人根本任务过程中，评价是指挥棒，事关教育发展方向。上海理工大学的机械设计制造及其自动化专业是国家级一流本科专业，在建设过程中，为了深化构建面向未来的课程体系，围绕立德树人根本任务，形成了机械设计制造及其自动化专业的课程思政领航团队，深化工程德育理论研究和实践探索，结合工程认证要求，确立以培养“厚植家国情怀、勇担制造强国使命、精益求精的匠心精神”为重点和特色的建设目标。

合理的专业课程体系是保证人才培养质量的重要因素，为了进一步深化构建面向未来的课程体系，整理专业课程，梳理知识脉络，由专业基础课、专业核心课、专业拓展课、专业实践课形成一个完整的课程知识体系，在人才培养体系中起着关键作用。选取机械类专业课程组成示范课程，严格统一教学要求与教学规范，规范构建评价指标与评价方法。

3.3.1 课程思政教学要求与教学规范

机械类专业课程思政建设以习近平新时代中国特色社会主义思想为指导，坚持知识传授与价值引领相结合，深入挖掘课程中关于理想信念、价值取向、政治信仰、社会责任的题材与内容，倡导并践行社会主义核心价值观和爱国主义精神，培养理想信念坚定、专业素质过硬、国际视野开阔、人文底蕴深厚的先进制造业优秀人才。根据机械类专业特点，各课程应当完成“课程思政”教学整体设计，具体包括：制定相适应的教学大纲、明确总体设计思路、确定教学内容中的思政元素、评价课程思政教学效果以及优化教学设计并持续改进。进一步来说，“课程思政”不是每门课都要体系化、系统化地进行德育教育活动，也不是每堂课都要机械、教条地安排思政教育内容，而是结合各门课程特点，寻找德育元素，进行非体系化、系统化的教育，专业推进“课程思政”建设，着重把握遵循实事求是原则、创新思维原则、突出重点原则、注重实效原则。

（1）课程思政教学要求

专业围绕“课程思政”教学整体设计要求和遵循原则，积极培育和践行社会主义核心价值观，运用马克思主义方法论，提出具体教学要求如下。

① 师德师风。要加强师德师风建设，坚持教书和育人相统一，坚持言传和身教相统一，坚持潜心问道和关注社会相统一，坚持学术自由和学术规范相统一。教师应该以德立身、以德立学、以德施教。加强师德师风建设，坚定“四个自信”，提高育人意识，转变教师重知识传授、能力培养，轻价值引领的观念。充分运用专题培训、集体备课、传帮带、教材教案编写等手段，进行思想政治教育技能培养，强化课程思政教学改革工作，让广大教师把知识传授、能力培养、思想引领融入每门课程教学过程之中。

② 政治导向。教师应坚持正确的政治方向，不在课堂上传播违反《中华人民共和国宪法》，违背党的路线、方针、政策的内容或言论，使课堂成为弘扬主旋律、传播正能量的主阵地。

③ 专业伦理。教师要在传授专业知识的过程中，明确将专业性职业伦理操守和职业道德教育融为一体，给予其正确的价值取向引导，以此提升其思想道德素质及情商。

④ 学习伦理。课程思政功能的实现需要师生双方的共同努力，大学生应有良好的学习伦理，尊师重教、志存高远、脚踏实地、遵守纪律，在学习过程中体悟人性、弘扬人性、完善修养，培育理性平和的心态，让勤奋学习成为青春飞扬的动力。

⑤ 核心价值。教师要在课程教学过程中，结合专业的特点，将社会主义核心价值观的基本内涵、主要内容等有机、有意、有效地纳入整体教学布局和课程安排，做到专业教育和核心价值观教育相融共进，引导学生做社会主义核心价值观的坚定信仰者、积极传播者、模范践行者。

（2）课程思政教学规范

“课程思政”教学设计，不仅应遵循一般社会科学研究的原则，也应符合思想政治教育学科的特殊性原则。根据“课程思政”的教学原则和要求，提出如下教学规范管理要求。

① 灌输与渗透相结合。灌输应注重启发，是能动地认知、认同、内化，而非被动地注入、移植、楔入，更非填鸭式的宣传教育。渗透应注重贴近实际、贴近生活、贴近学生，注重向社会环境、心理环境和网络环境等方向渗透。灌输与渗透相结合就是坚持春风化雨的方式，通过不同的选择，从被动、自发地学习转向主动、自觉地学习，主动将之付诸实践。

② 理论与实际相结合。“课程思政”建设过程中所讲的内容，应该是深入挖掘所授学科、所讲课程中的有利于学生增强政治认同和文化自信的内容。把诸如产生背景、发展历史等，用贴近学生实际的话语、案例等形式讲解出来，让学生不需要拥有较多的知识储备、复杂的论证推理就能够听懂，能够理解，让学生对于所讲述的内容，稍稍用心就能可触可及。坚持理论与实际相结合，因事而化、因时而进、因势而新。

③ 历史与现实相结合。“课程思政”的教学设计，从纵向历史与横向现实的维度出发，

通过认识世界与中国发展的大势比较、中国特色与国际特色的比较、历史使命与时代责任的比较，使思政教育元素既源于历史又基于现实，既传承历史血脉又体现与时俱进。

④ 显性教育与隐性教育相结合。隐性教育就是通过“课程思政”开展的思想引领，目的是充分发挥课堂的主渠道作用，通过潜移默化的方式对学生进行思想引领。借助“课程思政”，让学生在专业课程的学习时，印证思政课堂上所讲的内容；在思政课堂上，找到一些专业课上“熟悉的内容”，多了一些相互肯定。实现显性教育与隐性教育的有机结合，取得“1+1>2”的效果。

⑤ 国家与个人相结合。在立德树人的同时，引导学生认清个人成长与国家发展紧密依存，让学生明确什么是核心价值、党的主张的同时，也能够用生活中的所见所闻或者自己的行为举止来对这些党的主张进行解释，并能够以理解、践行、对照为自豪与荣耀，从而让思想引领工作更加生活化但不随意化，通俗化但不庸俗化，努力让学生在“时代强音”中寻找困惑的答案，用“中国话语”解释自己的思想。

⑥ 正面教育与纪律约束相结合。正面说服教育是指通过摆事实、讲道理，使学生明辨是非、善恶，提高认识，形成正确观念和道德评价能力的一种教育方法。“课程思政”教育和教学，必须坚持以正面引导、说服教育为主，积极疏导，启发教育，同时辅之以必要的纪律约束，引导学生品德向正确、健康方向发展。

（3）教学管理具体做法

合理的教学管理，可以实现“思政课程”向“课程思政”的转变，促进思想政治教育与专业知识教育的有机统一，化解“思政课程”“孤岛化”现状，破解专业课程教学和思政课程教育“两张皮”难题。应当从建设标准、课程大纲、教材、课程活动等方面加强管理，实现课堂主渠道育人功能最大化。

① 完善专业课程思政建设标准。在总结既有做法和经验的基础上，编制专业、学科课程思政教学指南。从教学团队、教学研究、教学特色等多方面，进一步加强专业思政建设的宏观指导，完善专业课程思政建设标准，保障专业思政建设质量和教学效果。

② 修订课程大纲。新课程大纲需确立价值塑造、能力培养、知识传授“三位一体”的课程目标，通过结合专业教学特点，编写《学院课程思政教育教学改革设计参考》，修改并细化课程大纲，确保课程思政具体落实到每一门课程的教学目标、教学大纲、教学设计中；明确思想政治教育的融入点、教学方法和载体途径，注重思政教育与专业教育的有机衔接和融合，形成环环相扣、紧密支撑的课程思政育人体系。

③ 选用、编写特色教材。依据课程思政总体目标要求，在传统教材的基础之上，将“课程思政”改革的教学新理念和新思路融入新教材中。在新教材的编写过程中，注重体现习近平新时代中国特色社会主义思想，充分利用本校教学资源优势和数字化平台，编写 3~4 本具有创新性、实用性和系统性的课程思政改革项目系列教材。同时，根据课程教学特色，编写一套包含课程思政元素的教学案例库，并完善相关课程思政授课课件。

④ 开展集体备课活动。成立基层教研团队，建立集体备课和教研制度，每月进行 1 次集中研讨、集体备课活动，聚焦教学改革中的难点、痛点，着重围绕“备内容、备学生、备教法”，严格落实课程思政教学指南要求，发挥团队合力，凝聚智慧，提升课程思政教学效果，推动课程思政理念落深落实。

⑤ 开展课程思政示范课堂听课活动。每年度各教学单位负责建设课程思政示范课堂，每

月举行1次教学督导、校外教学名师、校内优秀教师示范课，重点对融入课程课堂教学的思政教育元素进行把脉。听课人员听课后需及时填写听课记录表，提交各教学单位汇总统计，报教务处备案。

⑥ 形成课程思政建设工作简报。及时总结和提炼课程思政建设经验，每月编制一期学院课程思政工作简报，并汇编成册。撷取主流媒体新闻报道、各级各类工作简报、工作总结、特色亮点做法以及典型案例，编制课程思政建设成果展示册，广泛推广切合实际、行之有效的建设经验，营造良好的改革氛围，激励师生积极参与课程思政教育改革。

3.3.2 课程思政评价指标与评价方法

对于理工科课程而言，教学评价是思政教学体系中构成闭环的关键环节，也是当前思政理论研究和实践探索的薄弱环节。在教育过程中，学生是课程思政最直接的学习者、感受者、获益者，基于学生的考查，教师是课程思政的直接引导者、观察者和反思者，通过注重课程思政教学对于学生入脑入心、见行见效的有效性评价，既关注学生获得感方面的理性维度，也关注学生发展持续性方面的实践维度，同时还要关注教师在授课方面的客观感受与成效维度，才能真正有效落实课程思政建设成效。

（1）课程思政评价指标

深度挖掘专业基础课中蕴含的思想政治教育资源，实现全员全程全方位育人是落实立德树人的重要途径。结合工程认证教育理念要求，深入认知工程教育与课程思政，严格统一教学要求与教学规范，规范构建评价指标与改进机制，将课程思政与工程教育深度融合。机械类专业通过对教学内容与德育案例有机融合的探索，以实际应用和社会发展突出课堂内容的重要性，需要综合考虑机械类课程中的不同类型课程，构成面向机械制造课程群的课程思政教学评价指标体系，形成工程认证毕业要求支撑下的课程思政评价指标的顶层设计（表3-1），以发挥课程思政深入育人的作用。

表3-1 工程认证毕业要求支撑下的课程思政评价指标顶层设计

<table>
<tr><td rowspan="5">技术性支撑指标</td><td>毕业要求1</td><td>工程知识：能够将数学、自然科学、工程基础和专业知识用于解决机械设计、制造及控制过程中的复杂工程问题</td><td rowspan="5">—</td></tr>
<tr><td>毕业要求2</td><td>问题分析：能够应用数学、自然科学和机械科学的基本原理识别和表达机械设计、制造及控制过程中的关键问题，并能辅助文献研究对其进行分析，以获得有效结论</td></tr>
<tr><td>毕业要求3</td><td>设计/开发解决方案：能够制定针对机械领域复杂工程问题的解决方案，设计满足特定需求的机电系统、零部件的工艺流程，并能够在设计环节中体现创新意识，考虑社会、健康、安全、法律、文化以及环境等因素</td></tr>
<tr><td>毕业要求4</td><td>研究：能够基于科学原理并采用科学方法对机械领域复杂工程问题进行研究，包括设计实验、分析与解释数据，并通过信息综合得到合理有效的结论</td></tr>
<tr><td>毕业要求5</td><td>使用现代工具：能够针对机械领域复杂工程问题，开发、选择与使用恰当的技术、资源、现代工程工具和信息技术工具，对机械设计、制造及控制过程进行预测与模拟，并能够理解其局限性</td></tr>
</table>

续表

非技术性支撑指标	毕业要求 6	工程与社会：能够基于机械工程相关背景知识进行合理分析，评价专业工程实践和复杂工程问题解决方案对社会、健康、安全、法律及文化的影响，并理解应承担的责任	职业道德、人生观、世界观、价值观、诚信道德
	毕业要求 7	环境和可持续发展：能够理解和评价针对机械领域复杂工程问题相关的制造过程和产品使用对环境、社会可持续发展的影响	环保节能意识、生态文明建设、科技强国
	毕业要求 8	职业规范：具有人文社会科学素养、社会责任感，能够在机械产品设计、制造中理解并遵守工程职业道德和规范，履行责任	社会责任担当、创新精神、契约精神、现代企业精神
	毕业要求 9	个人与团队：能够在多学科背景下的团队中承担个体、团队成员以及负责人的角色	工匠精神、奉献精神、团队精神
	毕业要求 10	沟通：能够就机械领域复杂工程问题与业界同行及社会公众进行有效沟通和交流，包括撰写报告和设计文稿、陈述发言、清晰表达或回应指令，并具备一定的国际视野，能够在跨文化背景下进行沟通和交流	爱国主义、“四个自信”、民族意识、奋斗精神
	毕业要求 11	项目管理：理解并掌握工程管理原理与经济决策方法，并能在多学科环境中应用	辩证思维、现象和本质、整体与局部
	毕业要求 12	终身学习：具有自主学习和终身学习的意识，有不断学习和适应专业发展的能力	精英意识、敬业精神、终身学习

基于有效的评价，可以更好地掌握学生的价值观现状、学生的发展需求、学生的学习问题，以及教师的教学状况，有效结合和全面把握学生理性维度与实践维度以及教师感受等多维度的评价内容，进行全员、全过程、全要素以及更长时段的效果评价，再通过评价改进课程思政教育的内容设计，发挥课程思政教育评价的指挥棒作用，实现学生价值观的塑造。如图 3-3 所示，结合机械类课程群在课程思政实施中的顶层设计要求，评价不同类型课程的思政实施效果，形成面向“知识传授”“能力培养”到“价值引领”的思政实施成效多维度评价方法。

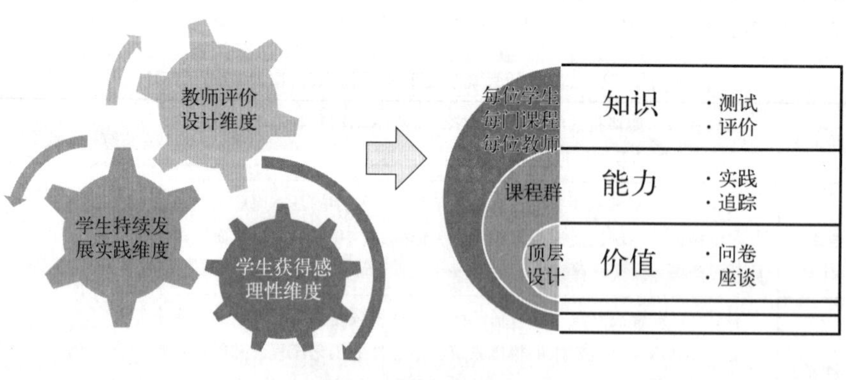

图 3-3　维度评价体系

① 理性维度。学生从自我评价、课程评价、教师评价三方面，对在制造类专业课上通过课程思政实施后学习到知识的获得感进行评价。相关课程对标工程认证的毕业要求，通过学生获得感方面的理性维度，学生自我评价学习到的内容，是否能够既包括专业知识，又包括法治知识、职业发展知识、社会责任感、制造强国使命感等。

② 实践维度。多角度对学生价值观的长远改造进行跟踪评价考查，对课程群内课程间协同应用效果与育人深入程度进行评价；通过持续性的实践维度多方评价，从学生价值观的长

远改造进行跟踪评价，通过学生不同阶段课程的学习表现持续追踪、日常管理、综合测评等手段关注学生在校期间有无行为失范，通过跟踪调查、校友走访等手段进一步考查学生毕业后从业期间有无职业失范，是否坚持正确价值观，积极工作的持续性动力是否充足等，有效整合更多深度数据，实现课程思政实施成效评价的有效性。

③ 设计维度。采用多方座谈、问卷等形式，对顶层设计在课程群中课程思政的有机部署与融入成效进行评价。基于多维度从“学习到知识”“获得的能力”和“感受到价值”三个方面进行评价和考查。通过教师授课方面的主观感受与客观成效的设计维度评价，对不同类型课程教师对于个人课程思政实施的积极度、深度、广度等，进行教学质量评价，通过评价使教师认识到自己在课程教学中思想政治教育者的角色定位，自觉树立思政教育主体意识，落实课程思政实施主体责任，坚决克服专业教育与思政教育“两张皮”现象，实现教学提升和持续改进。

通过多维度的评价与分析的反映，形成兼顾理工科课程一般特征及机械类课程特色的评价方法，检验课程思政的实施是否有效改造了学生的价值观且提升了教师的教学质量，是否达到了量变引起质变的效果。成立评价小组，制定评价问卷，定期对相关课程思政工作实施情况进行评价，使各门课程思想政治教育功能融入全流程、全要素，可查可督，及时宣传表彰。基于以上评价，解决以往评价系统无针对性，评价频次、标准不统一，缺乏对评价结果的分析与反馈，缺乏评价持续性、可追踪性等问题。

（2）课程思政评价方法

评价方法设计思路如图 3-4 所示。

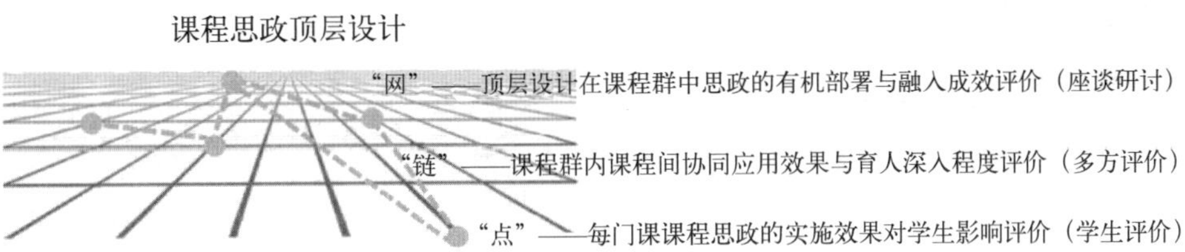

图 3-4 评价方法设计思路

课程思政的有效评价方法设计思路以“网”“链”“点”三重视角，形成多维评价制度：首先基于人才培养的长远视角来统筹谋划“网”，明确思想政治教育与专业学习之间的逻辑关系，层层分解学生的成长需求，深度结合价值引导，对于顶层设计中在机械制造课程群中各门课程思政元素的有机融入进行成效评价；然后，在“网”的框架下，形成课程群内课程之间的关系“链”，协同应用好各要素资源，有效支持课程思政开展，让课程思政有长远价值观成效体现；最终，在“网”和“链”的框架下，集中力量深挖每一门课程中的思政元素“点”。具体的评价方法如下。

① 基于人才培养计划，通过教师问卷调查和统计分析，进一步明确思想政治教育与专业学习之间的逻辑关系，层层分解学生的成长需求，深度结合价值引导，主要以集中研讨与师生座谈会的形式，对于顶层设计中在机械制造课程群中各门课程思政元素的有机融入进行成效评价。

② 在顶层设计评价的框架下，进行课程之间关联协同效应的评价，采用教师问卷形式，从专业课教师和专业辅导员的角度，评估各要素资源对支持课程思政开展的协同应用效果与

深入程度，让课程思政既有感性认知又有实践体会。

③ 集中力量深挖每一门课程中的思政元素，在教材、教法上寻找创新点和突破点，推动开展学生喜闻乐见又富有成效的课程教学，通过学生多方面的测评与过程化调研，对每位学生、每门课程、每位教师的课程思政的实施效果进行评价分析，真正让学生学有所获、学有所感。

（3）评价实施预期效果

实现德育与知识的有机结合，推进课堂德育的展开，提升课程授课水平，培养和增强学生的爱国情怀和民族使命感，达到润物细无声的理想效果；以学生为中心，通过多维评价模式，为课程思政指明“方向”，为专业课程注入“灵魂”，实现对学生知识传授、能力培养、价值塑造三位一体的全方位培养；基于以上模式探索，深入认知工程教育与课程思政，严格统一教学要求与教学规范，规范构建评价指标与改进机制，将课程思政与工程教育深度融合；学生在发挥受教育主体作用的同时，从理念、教学以及评价方面，形成“师生共同体”教学评价与积累的持续改进，形成教学的良性循环；注重学生对课堂感受的评价，开展多次课堂质量评价问卷，基于学生对课堂的建议进行持续改进。

3.4
队伍建设与师资培训

3.4.1 队伍建设的意义

习近平总书记于2014年提出了“四有好老师”的职业标准，即有理想信念、有道德情操、有扎实知识、有仁爱之心。以“四有好老师”标准为理论遵循，提出有责任意识、有道德素养、有践行能力、有育人情感的“四有”教育理念，是对课程思政教师实现教书育人目标的新要求。

通识课和专业课教师作为课程思政建设的主力军和践行者，组成了一支庞大的课程思政建设队伍，他们是落实课程思政建设的关键力量。面对新时期三全育人的新理念，要求课程思政教师不能只注重对知识的传授和能力的培养，还要注重对学生进行思想价值的引领，坚持教书与育人相统一。坚持“四有”教育理念，是课程思政教师应对新时期教育教学改革新要求、担负起培养社会主义建设者和接班人时代重任的应有之义。“好老师”是课程思政队伍建设的应然要求，建设一支课程思政的“好老师”队伍，应当加强教育，将课程思政理念内化于心，用制度促使教师外化于行。

（1）提高教师的育人意识、育德思维和育才能力

发挥教师的育人功能，使课程思政凸显成效，落实立德树人根本任务，就要提高教师的育人意识、育德思维和育才能力。首先，提高教师的育人意识，需要教师摒弃重“教书”而轻“育人”的观念，树立育人先于教书、育人寓于教书的理念，将育人摆在教育工作的首要位置，将价值引领与知识传授、能力培养统一起来，确保教师成为立德树人中塑造学生正确价值观的“立德者”和授业解惑的“树人者”。育出“什么人”？用什么来“育人”？这是树立

教师育人意识的首要问题，是把准育人方向的原则问题。党的十九大报告指出:“培养德智体美劳全面发展的社会主义建设者和接班人”，这就给教育者培育出“什么人”的问题提供了明确方向。“用习近平新时代中国特色社会主义思想铸魂育人是新时代思想政治教育的中心任务”，换言之，思想政治工作要以习近平新时代中国特色社会主义思想为指引，课程思政的落实也必然如此。思想政治教育工作不仅仅是思政课教师的工作，更是每一个教育工作者的工作，全体教师都应将自身视为思想政治教育者，才能形成“三全育人”的“大思政”格局，才能使人才培养朝着正确的方向迈进。其次，强化教师的育德思维，将育德思维贯穿于教师工作的始终。“育德指培育德性”，这就要求教师挖掘课程中的德育元素，在课堂中对学生“言传”道德，在实践中“身教”道德。一是教师在课堂中突出德育目标。道德作为一种社会意识，伴随着社会发展不断变化，教师应当将世情国情与本专业的前沿发展紧密结合，使学生深刻认识到当前我国的时代特征和学科发展的现实状况，引导学生树立社会主义道德；二是教师在学生实践中强化德性训练，共同化解学业生涯中出现的挫折和困难，培养学生敢于挑战的勇气；三是教师要把握“为人民服务”的德育核心、把准集体主义的德育原则，并将其融入教师发展生涯中，使同学们感受到社会主义道德无处不在、无时不有，真正树立起为人民服务的人生观，真正将个人融入社会。最后，提升教师的育才能力，实现真正的“树人”。2018 年，在《中共中央 国务院关于全面深化新时代教师队伍建设改革的意见》中指明了高校师资队伍建设方向:“全面提高高等学校教师质量，建设一支高素质创新型的教师队伍”。同时要求在业务上“提高教师专业能力”，在思想素质上“突出教书育人，让科学家同时成为教育家”。这就要求高校教师全方位提升自身思想素质和业务水平，提高育才能力，将自身发展与立德树人相统一，实现真正的“树人”。

（2）加强培训，构建深入人心的课程思政理念

加强教师培训，打造一支符合新时代新要求的课程思政教师队伍，以满足课程思政的建设和发展需要，是高校的重要任务之一。当前，“大思政”育人格局正在形成，课程思政作为“大思政”育人格局的支柱，一线教师必然要走在前列，引领“大思政”育人格局的发展。因此，要在教师心中牢固树立起课程思政理念，使教师真学、真信、真践行，就要加强培训，深化教师认识，使课程思政理念深入人心。一是加强高校教师马克思主义理论培训，加强世情国情学习，提高思想觉悟和政治站位，使教师自觉用马克思主义的世界观和方法论分析问题、解决问题。要邀请马克思主义理论研究的名师大家走进教师培训课堂，把理论讲清楚，把世情国情讲透彻，使教师充分认识到马克思主义理论及其中国化的思想是指引中华民族实现伟大复兴中国梦的必然选择，使教师深刻认识“自由化”等错误思想的危害，摒弃错误思想，并杜绝其在课堂上的传播，自觉践行课程思政。二是加强课程思政的相关文件学习，落实党中央的有关决策部署。充分学习和正确认识习近平总书记有关“立德树人”的重要论述，学习党中央、教育部关于课程思政改革和推进的系列文件，是保证课程思政正确前进方向的第一步。高校应积极开展教师轮训，提高教师的政策领悟能力，把握课程思政带来的机遇和挑战，逐渐深化课程思政教学改革，从而提升教师育人实效。三是加强课程思政实践成果的学习，取他人长处，补自身不足。高校要提供资金支持，发挥校际的交流作用，分门别类地对通识课、专业课教师开展课程思政实践成果学习，以研讨会、学习班、交流组等多种多样的形式，将他人有益成果吸取到自己的课堂中。四是加强课程思政理论创新、实践创新的学

习，不断推动课程思政向前发展。世情国情无时无刻不在发生变化，教师也应审时度势，丰富和拓展课程思政的理论旨趣和实践内涵。高校应当对教师定期开展课程思政前沿理论的培训和探讨，提升教师对课程思政的理解，推动教师创新课程思政教学方法，形成优质课堂，真正在课程思政的改革和发展中引领学生成长。

（3）结伴而行，形成思政课教师与专业课教师协同育人体系

构建思政课教师与通识课、专业课教师的协同育人体系，应当以思政课教师为原点，以通识课、专业课教师为半径，以三方教师协同育人为驱动，不断拓宽“思政”的覆盖面积，画好课程思政的“同心圆”，落实好立德树人根本任务。要发挥好思政课教师的“思政”优势，弥补其他课程教师对思想政治理论认识的缺乏。首先，思政课教师参与党支部活动，发挥党员教师先锋模范作用。通识课、专业课中党员教师应以教研室（系部）为单位成立党支部（联合党支部），各党支部应以“把支部建在连上”为原则，在教研室（系部）中发挥党的领导作用，将党建工作与教师业务工作紧密结合起来。党支部活动要积极邀请思政课教师参与，思政课教师也应站在思政的角度，客观指出教研室工作中存在的不足之处，以更好地开展课程思政工作。其次，思政课教师与通识课、专业课教师结对子。思政课教师对接各课程教研室，与其他教研室一道，共同开发课程思政所需教学材料。一是由院系牵头，思政课教师与通识课、专业课教师携手前行，以教材为本，将思政元素融入教案。院系应定期开展交流活动，组织思政课教师与通识课、专业课教师一同研讨在教材体系与教学体系转化过程中融合思政元素；二是教师合作，思政课教师走进通识课、专业课课堂，一同发现课堂中可以挖掘的思政元素，不断完善课程思政的实践内涵。

3.4.2 高校课程思政队伍建设存在的问题

国务院《关于全面深化新时代教师队伍建设改革的意见》明确指出“面对新方位、新征程、新使命，教师队伍建设还不能完全适应”，教师在“思想政治素质”和“专业素质能力”等方面还有待提升。在课程思政队伍建设中，尚存在一些问题，需要深入探讨。

（1）部分教师对课程思政与学生成长成才的关系认识不到位

青年成长成才与国家发展之间具有价值导向的一致性，实现青年的成长成才，与教师落实课程思政密不可分。青年只有将国家发展的价值诉求转化为自身发展的价值指向，国家发展的价值目标才得以实现，青年自身的理想才具备真正的价值。但是，一些教师对课程思政的认识不到位，对课程思政与学生成长成才的认识还存在偏差。第一，一些教师忽视了教师的“育人”天职，将“教书”与“育人”剥离开来，将知识的讲授视作教学的中心工作，而轻视了对学生的“育”。第二，一些教师忽视了“青年兴则国家兴，青年强则国家强”这一青年与国家的基本关系，不仅不以课程思政的教学思路和教学方法教育青年，还在课堂中宣扬错误思想，与国家发展价值目标背道而驰，对学生成长成才并服务于我国社会主义建设形成负面作用。第三，一些教师忽视了课程思政中“德育”对大学生的正面引导作用，不重视与其他课程形成德育合力。在教学过程中，教师对课程中的德育元素挖掘不足，只重视知识传授，课程思政要求教师发挥育人的能动作用，强化德育教育，培养青年“以德为先”，使教育回归“立德树人”这一根本任务。

（2）专业课教师课程思政相关知识尚待进一步更新

课程思政要求专业课教师不仅在理念上牢牢坚持课程思政，更要求将思想政治教育的方法论融入专业课课堂。但是，专业课教师对课程思政的政策、理论与实践还存在认识不清的问题。第一，一些专业课教师对课程思政的相关政策认识不到位，对课程思政的重要性认识不足，不了解“三全育人”的基本内涵，不知道当前高校思想政治工作的总体目标，不清楚教育部对高校思想政治工作提出的十项基本任务及其主要内容，亦不清楚有关课程思政的相关要求。第二，一些专业课教师对学界关于课程思政的教育逻辑、课程逻辑和教学逻辑等认识不到位。由于专业课教师长期在专业领域耕耘，缺少对课程思政的了解，造成了对课程思政理论学习和认识的不足。第三，一些专业课教师在实践上出现“跟不上”课程思政步伐的现象。教育部推广课程思政至今只有短短几年，各高校及教师还在探索符合校情学情课情的课程思政实践路径，尽管在全国课程思政实践中已经发现一批优秀案例，但结合各高校的具体情况进行实践还需要一定时间。总而言之，专业课教师落实课程思政还存在一些问题，需要不断改进。

（3）教师协同育人的合力需要进一步加强

在“三全育人”的背景下，高校各部门基本形成了育人合力，但在现实中受到各种客观因素的干扰，育人合力作用不明显，育人效果还有待提升。专业教师作为育人的践行者，在体制机制完备的情况下，应当从教师自身探寻育人合力提升中存在的问题。一方面，专业教师以高学历人才为主，在各自的研究领域精耕细作，建立起一套符合自身教学科研要求的知识体系，形成了每个人都不相同的学科背景。这就使教育教学工作在教师层面产生了差异，使各课程形成不同的知识目标，缺少协同育人合力，导致了不同课程的结构性分化。教育合力在不同的教学结构中形成了多种向度，形成合力作用不明显、协同育人效果不强的局面。另一方面，高校在落实课程思政时，还存在专业课程教师与思政课教师之间协同能力不强的问题，未能找到合作的切入点和实现目标的发力点，未能形成一套行之有效的合作机制，发挥最大的育人功能。此外，一些高校在课程思政协同育人方面支持力度不足，没有对课程思政协同育人形成政策文件，没有相关资金支持，专业教师没有参与的主动性和积极性，这就导致了教师在协同育人方面先天不足，使课程思政达不到理想的实施状态。

（4）课程思政未能很好地纳入教学效果的考核评价体系

落实课程思政，是保证高校教学质量的重要一步。教师作为课程思政实施的基本载体之一，对教师课程思政教学效果的评价，是对教师立德树人的评价，也是对高等教育教学质量的评价。反之，对教师，尤其是专业教师课程思政教学效果的评价，又能促进教育教学质量的提升。专业教师对课程思政的理论研究、教学实践与高校对其进行效果测评应融为一体，教师及学校双方均有义务和责任推动课程思政的落实，将其形成一套完备的制度。当前国家正在对教育评价进行改革，教育教学工作是动态发展的，教学评价也应当紧跟国家政策指向不断丰富发展。课程思政作为落实立德树人根本任务的重要环节，高校对专业教师落实课程思政进行科学的考核和评价，是提高课程思政育人实效的必然要求。然而一些高校未能跟上课程思政体系建设的步伐，还未形成对课程思政的评价体系。一方面，高校对专业课课程思政的考核指标体系尚未建成；另一方面，由于各个课程的教学目标、教学内容存在差异，针对具体课程的课程思政评价指标还有待深入研究。此外，高校对专业教师实行课程思政的考核，存在重形式、轻内涵的问题，一些高校仅以课堂中呈现的课程思政元素作为考核指标，忽视了对教学大纲、课程标准等教学材料中课程思政元素的考核，也忽视了学生在课程实践或实训中落实课程思政的考核。因此，课程思政的有关考核指标，还未能融入专业教师教育教学全过程的考核体系，还需要不断改进。

3.4.3 队伍建设的方法与途径

教育改革，理念先行。高校课程要全面实行“思政教育”，就要对全校一线教师进行课程思政教学理念培训。只有教学理念转变了，教学行为才会改变。根据《教育部高等教育司2020年工作要点》第五条“全面推进高校课程思政建设”的要求，高校要充分发挥各类课程的育人功能，深入挖掘各门课程中蕴含的思想政治教育内容，促进专业课与思想政治理论课同向同行，实现价值引领、知识教育、能力培养的有机统一。开展全校教职工课程思政教育教学理念分类分层培训，让学校全体教职员工自上而下树立课程思政教育教学理念，增强课程思政教学改革意识，并最终形成课程思政教学文化，从而促进教师从思想上真正接受并认可课程思政。

（1）队伍建设的总体要求

课程思政教师要应对课程思政建设的新目标、新要求，必须以执着的职业情怀坚定育人意识、以全面的学习理念提升育人能力、以高尚的师德师风奠基育人素养、以宽厚的仁爱之心培育育人情感。

1）以执着的职业情怀坚定育人意识

执着的职业情怀蕴含着深厚的家国情怀。家国情怀是中华优秀传统文化的精髓，厚植家国情怀就要自觉弘扬爱国主义精神。厚植爱国主义情怀，就要把爱国情、强国志、报国行自觉融入实现中华民族伟大复兴的奋斗之中。这就明确了教师在教育教学中必须树立正确的国家观。要心系国家和民族，爱祖国、爱人民、爱社会主义的教育事业。要自觉抵制各种错误思潮，在专业课教学中主动融入以爱国主义为核心的价值理念，积极培养学生以天下为己任，与国家民族休戚与共的责任感，主动承担起建设国家、实现中华民族伟大复兴的历史重任。执着的职业情怀饱含着教师对初心与使命的坚守，明确教师的初心与使命，有助于激发教师的职业认同感、荣誉感和使命感，有助于课程思政教师充分认识课程思政建设的重要意义，明确自身在课程思政建设中的地位和作用，自觉承担教育教学中的育人责任。

2）以高尚的师德师风奠基育人素养

以高尚的师德师风奠基育人素养，是内因与外因共同作用的过程，需要形成社会、学校、个人三位一体的培育机制。

就社会而言，必须营造尊师重教的良好风气。中华民族历来具有尊师重教的良好美德。弘扬尊师重教的传统美德，在新时期营造良好的尊师重教的社会风气，既能让教师感受到职业带来的荣誉感，又能使教师感受到社会对教师的期望，从而自觉约束自己，提升自我道德修养。

就学校而言，必须加强师德师风建设。学校要通过各种途径和形式开展师德师风建设。一方面，学校要树典型、促宣传。学习全国师德模范，可以通过举办报告会、座谈会等形式开展学习交流。同时，也要积极挖掘本校的师德榜样，以身边人的真实案例感染广大教师，形成向榜样学习的强大正能量。另一方面，建章立制，完善工作体系。学校可以就师德师风建设制定出台相关的规章制度、工作机制。在职务（职称）晋升、优秀教师选拔、干部任命等环节优先推荐师德模范，对于师德存在问题的教师，实行一票否决制。以此对教师的师德师风形成一定的激励和约束机制。

就教师个人而言，首先，必须树立以德立身、以德立学、以德施教的教育理念。教师要注重自身的职业道德培养，增强爱岗敬业的意识和对中华礼仪文明的理解与认同，提高对自身角色的认同感、尊严感和自豪感，自觉履行职业规范。其次，课程思政教师要注重学习中华礼仪文化，养成良好的礼仪习惯，并将其内化于心、外化于行，做到言行一致，以良好的形象为学生树立榜样，发挥其在思想教育和价值引领中的示范作用。

3）以全面的学习理念提升育人能力

提升育人能力，需要教师树立起全面的学习理念，重视学习并善于和坚持学习。

首先，课程思政教师要认真学习理论知识，增强自身理论素养。实践要以理论为指导，理论是实践的先行者。推进课程思政建设，需要课程思政教师学理论、学知识，具备深厚的理论素养。所谓“传道者自己首先要明道、信道”。一方面，课程思政教师要不断储备思想政治理论知识。思想政治理论是一个涉及多种学科和领域的庞大的知识体系。因此，课程思政教师在思想政治理论知识的学习上更加强调学习的全面性、系统性和整体性。学习掌握马克思主义的基本原理、基本观点和基本方法，学习贯彻习近平新时代中国特色社会主义思想，了解我国的基本国情、主流价值观、路线方针政策。巩固马克思主义在高校意识形态领域的指导地位，以马克思主义理论武装自己。另一方面，课程思政教师要不断提升自己本专业领域的理论学术水平。专业学科的课堂和实践教学是实施课程思政的平台和载体，课程思政教师只有在本专业领域深入学习，不断钻研，具有较高的理论学术水平和实践教学能力，才能以卓越的学术魅力吸引学生、感召学生，才能使思想政治教育乘着通识教育和专业教学的东风，达到“随风潜入夜，润物细无声”的教育教学效果，实现立德树人根本任务。

其次，课程思政教师要学习并掌握现代网络信息技术，提升信息素养。信息素养是指信息意识、信息知识以及在教育中运用信息能力的综合素质。提升信息素养有助于教师改进教学方法、改善教学手段，有助于实现全员育人、全程育人、全方位育人的教育目标。提升信息素养，教师需要注重以下三点：一是能够熟练运用网络技术浏览、搜索、下载所需信息，并能对各种信息和数据进行筛选、鉴别、处理和分析，储备教学资源；二是能够利用网络及工具软件与大学生进行有效交流，掌握大众传播与人际传播兼容的技术特点，发布各种教育信息，从而有效加强对大学生的价值引导和积极影响；三是能够利用信息技术平台和软件，如慕课、雨课堂、微信等搭建网络教育平台，拓宽教学渠道。

4）以宽厚的仁爱之心培育育人情感

教育本身就是一项“仁而爱人”的职业，“有仁爱之心”自然就成为教师基本的职业操守。教师的仁爱之心是一种“服务学生、成就学生”的理念。课程思政教师必须树立以学生为中心，服务学生、关爱学生、成就学生的工作意识。做到有求必应，有问必答。时刻关心学生冷暖，真诚为学生排忧解难。在沟通交流中要拥有热情的态度、温暖的话语、友好的手势、亲切的眼神、善意的微笑，以营造良好的沟通氛围。要善于发现学生思想中的闪光点，鼓励并引导学生积极传播正能量。

教师的仁爱之心是一种非凡的气度，是一种对己、对人、对事、对物的接纳和包容。教师的尊重和理解，能使学生更加自信，一个在被尊重和被理解的教育环境中成长的学生，才能够懂得如何去尊重和理解他人。面对一个个性格、爱好、家庭情况、学习状况各具特点的学生，教师要平等对待每一个学生，尊重学生的个性，理解学生的情感，包容学生的缺点和不足，善于发现每一个学生的长处，用真情、真心、真诚拉近同学生之间的距离，用爱培育爱、激发爱、传播爱。

（2）“种子教师”队伍建设

课程思政是围绕立德树人的目标任务，通过开发各门各类课程的思想政治教育功能，实现各类课程与思想政治理论课同向同行、协同育人的一种教育形式。因此，不同的课程，其课程思政的教学方式方法也不一样。在开展全校教师课程思政教学能力提升培训的时候，不能全校“一刀切”，更不能采用传统的大班培训模式，要理论联系实际，分学科、分专业进行。因此，高校课程思政教学培训可以着重于“种子教师”队伍的建设，优先开展“种子教师”培训，充分发挥“种子教师”的引领、示范和榜样作用，以“先学帮助后学”的方式来逐步推进全校教师课程思政教学培训。

1）组建“种子教师”队伍

机械工程专业课程较多，各门课程的“思政”教育方式也不相同。为保证各门主干专业课都有课程思政教学培训者，在遴选“种子教师”的时候，应先建立主干课程体系，以各系（教研室）专业教师的数量为参考依据，从各系一线教师中选取恰当数量的青年骨干教师担任各学院“种子教师”，再对“种子教师”开展课程思政教学培训。

首先，“种子教师”的课程思政教学培训是对课程思政教学观念的培训，帮助“种子教师”在课程思政教学理念认识上做到价值与情感的统一，思想和行为的统一，真正将课程思政教学理念内化于心、外化于行。其次，课程思政教学技能的提升培训，应注重提高“种子教师”课程思政教学方案的设计能力。因为在诸多教学环节中，课程的教学方案是教师教学行为的指南，在很大程度上引导着教师的教学行为，影响着教师的教学效果。在课程思政教学技能培训方面，还要培训“种子教师”挖掘课程思政元素的能力和运用课程思政教学方法的能力，诸如：“如何挖掘专业课程中的思政元素”“如何科学设计课程思政教学方案”“课程思政教学方法”和“日常教学中常见的课程思政教学问题及注意事项”等。培训的方式可以采取专家报告、案例分享与解析、课堂观摩与研讨、教学诊断与评估、教学咨询与指导、教学实践与体验、名师示范与引导等多种形式的高端培训、名校研修，帮助“种子教师”真正做到将思想政治教育工作贯穿于每一门专业课程的教学中，能在日常专业课程的教学中潜移默化地完成育人工作。再次，支持并鼓励“种子教师”开展课程思政教学创新研究，提升“种子教师”在专业课程教学中创造“思政元素”的意识和能力。“种子教师”开展课程思政教学创新与改革研究，一方面可以通过置身于教学创新实践行动中，更好地理解、领会课程思政教育理念的内涵和意义，从而深化对课程思政教学理念的认同和接纳；另一方面，通过创新研究，挖掘出更多的课程思政元素和更有效的课程思政教学方法，养成课程思政的教学习惯和教学思维。

2）发挥“种子教师”引领、示范和榜样作用

课程思政教学改革关键在教师，全面开展学校一线教师课程思政教学能力提升培训是学校广泛、深入推进课程思政教学改革的重要手段。在全面开展一线教师课程思政教学培训的

时候，学校可以邀请“种子教师”担任培训者，充分发挥“种子教师”的引领、示范和榜样作用，引导并鼓励全校一线教师积极参与学校课程思政教学改革，转变以往专业课程的教学理念，努力提高课程思政教学能力，提升专业课程育人能力。同时，学校还可以鼓励“种子教师”打造优质思政课程，建设具有学校特色的思政精品专业课程。这样做，一方面可以有效引领全校一线教师以“种子教师”为榜样，效仿“种子教师”的教学行为，积极参与并开展课程思政教学改革；另一方面，“种子教师”也可以通过分享自己的课程思政教学改革成果与教学改革实践经验，去帮助、指导其他教师提高课程思政教学能力。

以院系为单位，邀请“种子教师”担任培训授课专家，开展全校一线教师课程思政教学能力提升培训，可以满足课程思政教学培训的学科分类需求，让培训更具针对性和有效性。同时，“种子教师”打造的优质精品思政课程又会成为其他教师努力追求的目标，引领更多专业课教师积极参与课程思政教学改革。

（3）搭建专业课教师课程思政教学互助平台

教师教学培训的最终目的是实现教师的自我成长。因此，推进教师教学能力发展，必须发挥教师的主体作用，充分调动教师的积极性和主动性，挖掘教师潜力，实现教师课程思政教学能力的可持续发展。因此，学校要为专业课教师搭建课程思政教学互助平台，让教师可以根据自己的教学兴趣和发展需求，参与不同的教学互助平台，并在各类教学互助平台上获得自己想要的知识和能力、支持与帮助。教学互助平台可以借助教师群体的智力与活力，打破院系、专业界限，实现教师间的互通互助，促进教师间课程思政教学改革的传、帮、带。比如，可以建立新教师教学成长训练营，组建新入职教师教学成长领航导师团队，给新入职教师掌握课程思政教学能力提供一对一的指导和帮助；建立青年教师教学成长社群，为青年骨干教师建设专业思政课程，开展专业课程思政教育改革创新、专业课程思政教育研究搭建合作交流平台、提供协同创新的条件。搭建思政教学互助平台，教师间相互学习、不断提高是高校课程思政教学改革持续发展的不竭动力。

3.4.4 队伍建设成效考核

教师是学校建设、学生发展的核心资源，科学的教师评价制度关乎教师成长，关系学生成才，更关系到高校乃至国家高等教育事业的发展。教师考评制度伴随着教育事业的发展而不断更新。建设一套符合“立德树人”标准的教师考评制度，是更好地完成国家教育根本任务的重要保障。因此，将课程思政科学地、有机地纳入教师考评范畴，将成为未来考核高校教师的重要指标之一。高等院校要针对自身实际情况，制定并不断更新考核政策。首先，要打破各学科教师之间的边界，在课程思政视域下实现教师一体化发展。课程思政不能靠专业课教师唱独角戏，思政课教师也要参与其中。在以往的教学体系中，各科目都有自己的教学目标和任务，教师之间存在着学科背景和知识储备的天然屏障，各学科教师之间几乎没有关于课堂的交流。高校要打破这一屏障，深入探索并建立教师间的交流合作机制，杜绝不同学科、不同教师对人才培养目标的分化，有效将各科目的教学统一到立德树人根本任务上来。其次，树立课程思政“结对子”先进典型，并给予适当奖励，以榜样的力量推动课程思政成为每一位教师都践行的理念。高校要对课程思政改革中表现突出的教师在评优评先上优先推选，在校级课题立项上优先扶持。最后，要明确设置教师在课程思政教学改革中的考核指标，以制度推动课程思政的落实。一是高校要发挥教学督导的监督促进作用，在督导听课的相关指标中融入课程思政元素；二是聘请“结对子”先进典型教师为教学督导，站在学校课程思政发展前沿对其他教师提出改进意见，不断推动课程思政教师队伍的完善和发展。

综上所述，实施课程思政是一项复杂而系统的育人工程。“四育”教育理念，从责任意识、践行能力、知识素养和道德情感四个方面对课程思政教师承担新时期育人重任提出了更高的要求。同时，这一要求也同样适用于思政课教师。只有课程思政教师同思政课教师同向同行，形成协同效应，才能共同构建高校大思政育人格局。

参考文献

[1] 习近平 . 在全国高校思想政治工作会议上的讲话 [N]. 光明日报，2016-12-9(01).

[2] 习近平 . 在北京大学师生座谈会上的讲话 [N]. 人民日报，2018-05-03(01).

[3] 中华人民共和国中央人民政府网 . 习近平主持召开学校思想政治理论课教师座谈会 [EB/OL].[2019-03-18]. http://www.gov.cn/xinwen/2019-03/18/content_5374684.htm.

[4] 中华人民共和国教育部 . 中共教育部党组关于印发《高校思想政治工作质量提升工程实施纲要的通知》[EB/OL].[2017-12-04].http://www.moe.gov.cn/srcsite/A12/s7060/201712/t20171206_320698.html.

[5] 中华人民共和国教育部 . 关于加快建设高水平本科教育全面提高人才培养能力的意见（教高〔2018〕2 号）[Z]，2018-10-08.

[6] 中华人民共和国教育部 . 教育部关于印发《高等学校课程思政建设指导纲要》的通知 [EB/OL].[2020-05-28]. http://www.moe.gov.cn/srcsite/A08/s7056/202006/t20200603_462437.html.

[7] 崔慧丽 . 课程思政研究的热点、前沿和演进路径的可视化分析 [J]. 现代教育科学，2021(06): 63-71.

[8] 邱仁富 .“课程思政”与“思政课程”同向同行的理论阐释 [J]. 思想教育研究，2018(04): 109-113.

[9] 高德毅，宗爱东 . 课程思政：有效发挥课堂育人主渠道作用的必然选择 [J]. 思想理论教育导刊，2017(01): 31-34.

[10] 何玉海 . 关于“课程思政”的本质内涵与实现路径的探索 [J]. 思想理论教育导刊，2019(10): 130-134.

[11] 冯刚 . 增强高校思想政治工作的文化力量 [J]. 思想理论教育，2017(7): 4-9.

[12] 顾晓英 . 教师是做好高校课程思政教学改革的关键 [J]. 中国高等教育，2020(06): 19-21.

[13] 赵继伟 . 课程思政建设的原则、目标与方法 [J]. 中南民族大学学报（人文社会科学版），2022, 4(03): 175-180, 188.

[14] 邱伟光，张耀灿 . 思想政治教育学原理 [M]. 北京：高等教育出版社，1999.

[15] 朱梦洁 .“课程思政”的探索与实践 [D]. 上海：上海外国语大学，2019.

[16] 刘承功 . 从“黄山门”事件反思教育如何深入学生心灵 [J]. 上海教育，2011(1).

[17] 肖香龙，朱珠 .“大思政”格局下课程思政的探索与实践 [J]. 思想理论教育导刊，2018(10): 133-135.

[18] 刘鹤，石瑛，金祥雷 . 课程思政建设的理性内涵与实施路径 [J]. 中国大学教学，2019(03): 59-62.

[19] 谭晓爽 . 课程思政的价值内涵与实践路径探析 [J]. 思想政治工作研究，2018(04): 44-45.

[20] 仲计水 . 简析新时代课程思政建设应坚持的五项原则 [J]. 北京教育（高教），2020(09): 90-92.

[21] 张正光，张晓花，王淑梅 .“课程思政”的理念辨误、原则要求与实践探究 [J]. 大学教育科学，2020(06): 52-57.

[22] 钱穆 . 中国文化史导论 [M]. 北京：九州出版社，2011.

[23] 楼宇烈 . 中国文化的根本精神 [M]. 北京：中华书局，2016.

[24] 张岂之 . 中华优秀传统文化的核心理念 [M]. 南京：江苏人民出版社，2016.
[25] 王东 . 中华文明的五次辉煌与文化基因中的五大核心理念 [J]. 河北学刊，2003(05).
[26] 陆卫明，李红 . 中国文化精神与现代社会 [M]. 北京：中国社会科学出版社，2017.
[27] 刘慧玲 . 试论学科文化在学科建设中的地位和作用 [J]. 现代大学教学，2002(2): 72.
[28] 林泉伶 .“课程思政”：新时代高校思想政治教育新途径研究 [D]. 南京：南京邮电大学，2019.
[29] 田鸿芬，付洪 . 课程思政：高校专业课教学融入思想政治教育的实践路径 [J]. 未来与发展，2018(4).
[30] 郑永廷 . 把高校思想政治工作贯穿教育教学全过程的若干思考——学习习近平总书记在全国高校思想政治工作会议上的讲话 [J]. 思想理论教育，2017，(01)：4-9.
[31] 秦冰馥 . 中华优秀传统文化融入高校思想政治教育研究 [D]. 吉林：东北师范大学，2021.
[32] 马建辉，文劲宇 . 新工科背景下专业课程思政教学指南 [M]. 湖北：华中科技大学出版社，2022.
[33] 陈方，周艳平，周翔，等 . 课程思政协同育人—航空航天工程专业课程思政教学设计与实践 [C]. 第三届全国高等学校航空航天类专业教育教学研讨会论文集：181-190.
[34] 孙家庆，房朝阳，杨囡，等 . 交通运输类专业“ 交通运输工程学”课程思政教学体系建设 [J]，航海教育研究，2022(3): 33-45.
[35] 胡洪彬 . 迈向课程思政教学评价的体系架构与机制 [J]. 中国大学教学，2022(4): 66-74.
[36] 王力，杨亚飞 . 课程思政在机械设计课堂教学中的设计与实践 [J]. 农机使用与维修，2022(8): 196-198.
[37] 刘昊，郝敬宾，刘新华 . 机械制造工程学课程思政教学内容设计 [J]. 中国教育技术装备，2021(20): 61-63.
[38] 谢微，伍淑婕，邓忠惠，等 .“课堂教学 - 实验实训 - 课程思政”耦合体系的构建初探 [J]. 轻工科技，38(5): 129-131.
[39] 杨文军，于治明，潘五九，等 . 工程认证背景下专业课程思政教学设计与实践——以液压与气动技术课程为例 [J]，中国教育技术装备，2022(12): 96-99.
[40] 李钢，潘金坤，冯勇，等 . 项目式教学推动下的机械设计制造课程群课程思政教学改革与实践 [J]. 中国现代教育装备，2022(8): 105-107.

附录

附录 1
课程思政案例精选

一、工程制图

（一）课程基本信息

1. 课程思政教学定位

“工程制图”课程介绍几何形体的投影原理、工程图的表达方法，零件（标准件和非标准件）图和装配图的绘制方法。通过讲解图纸的规范性、科学性和严肃性，并且以图片和视频的方式介绍与制图相关的典型人物、典型事件，传递正能量，培养学生严谨、认真、负责、细致的工作素养，以及一丝不苟、精益求精、踏实敬业的“工匠”精神，最终实现教书和育人的完美结合，达到知识传授、能力培养与价值引领三位一体的教育教学目标。

2. 课程思政教学案例设计思路

“工程制图”课程思政教学案例设计的思路是：在保证原有知识体系和教学体系不变的前提下，围绕课程思政教学目标，针对具体教学内容，穿插思政内容，采用课堂 PPT 讲解和课后要求学生观看线上小视频的方式进行课程思政教学，原则上每周课（2 小节）均涉及课程思政内容。教学案例主要包括：①列举与制图相关的典型人物、典型案例，强调制图的重要性，提高学生学习兴趣；②引证正面及反面事例，强调绘制与阅读图纸一定要规范、严谨、细致，需要有“吹毛求疵”般的较真劲；③介绍制图发展简史、典型结构和产品的设计制造、著名的生产商等，拓宽学生知识面，提升学习主动性；④诠释工匠精神，介绍新闻人物，培养学生具有认真细致、一丝不苟、精益求精的工匠精神。

（二）案例教学设计

1. 教学内容和目标

教学章节为第 7 章 7.1 节零件图的作用与内容、7.2 节零件的视图选择和 7.3 节零件图的尺寸标注。

阅读和绘制零件图是学习“工程制图”课程的终极目标之一。简介工程制图发展史，强调图纸的重要作用；讲解典型案例，强调绘制图纸的严谨性，激发学生学习本节课的重点知识：零件图的表达方法；最后通过小视频解说“工匠精神”，培养学生精益求精的学习工作作风。基于成果导向的 OBE 理念，明确本次教学的目标与成果期望。

学习目标：

了解零件的尺寸标注；

掌握零件的分类、零件图的作用和内容；

重点掌握零件的各种表达方法。

成果期望：

绘制和阅读零件图必须遵循国标规范；

识读零件图的各种表达方法，并能够根据零件的种类选择适当的表达方法。

2. 教学过程及思路设计

（1）知识引入

案例 1-1　工程图学的发展简史

案例描述 我国的工程制图，尤其在机械制图领域方面，可以追溯至宋朝天文学家苏颂为水运仪象台所作的设计说明书《新仪象法要》，成书于宋神宗绍圣初年，约公元 1094 ～ 1096 年间，如附图 1-1 所示。明代宋应星所著《天工开物》中也有大量的机械图纸。18 世纪欧洲的工业革命，法国科学家蒙日（附图 1-2）在总结前人经验的基础上，根据平面图形表示空间形体的规律，应用投影方法创建了画法几何学，从而奠定了图学理论的基础，使工程图的表达与绘制实现了规范化。他所著的《画法几何》一书是工程图学发展的里程碑。

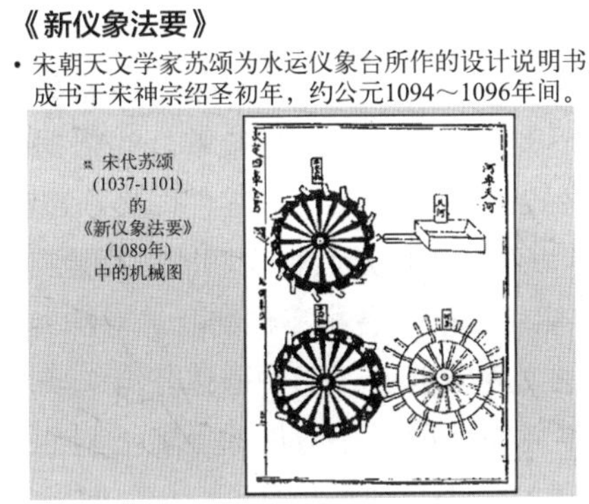

附图 1-1　我国早期的工程图学

附图 1-2　蒙日

思政目标 介绍制图发展简史，拓宽学生知识面，提升学习主动性，使学生认识到制图技术在我国历史上虽有光辉成就，但因长期处于封建制度的统治下，在理论上缺乏完整的系统总结，致使工程图学停滞不前。中华人民共和国成立后，随着社会主义建设的蓬勃发展和对外交流的日益增多，工程制图学科得到飞快发展。如今我们一定要紧跟时代步伐，实现科技强国。

案例 1–2　绘制和阅读图纸必须遵循国标规范

案例描述 一小女孩不慎从 7 楼家中的阳台护栏坠落身亡。按照国家有关规定，护栏间距不能大于 0.11 米，出事后户主经测量，其家中的护栏间隔达 0.13 米和 0.15 米。户主先找到了施工单位，对方说是按设计进行施工（因图纸上只画有 9 根护栏），不应负责任。于是，户主再找到设计单位，得到的答复是：虽然图纸上仅画有 9 根护栏，但并不代表就是安装 9 根护栏（因为没有明确的数字标注，施工方应视具体情况决定安装护栏的数量，而且图纸上有说明：未注明部分须按照国家有关标准施工）。最后经审理，法院判决：施工单位不按国家规定施工，应负一定责任，赔偿一定的经济损失。

思政目标 从这则因工程施工方不按国家规定施工引发小孩坠亡的案例中，得到《工程制图》方面的启示：要学习并掌握图纸的相关知识；图纸设计与图纸阅读同等重要；要熟悉并严格执行国家相关规定和标准；设计和施工需精益求精，不能有任何麻痹大意，否则可能造成重大事故或伤亡。

（2）知识讲解

① 零件的分类。采用 PPT 图解的方式，介绍机械零件的分类。零件可以分为标准件和非标准件；非标准件又分为轴套类、轮盘盖类、叉架类和箱体类零件。

② 零件图的作用和内容。零件图是制造和检验零件的依据，零件图的内容包括一组图形、完整的尺寸、技术要求和标题栏。绘制和阅读零件图必须遵循国标规范（成果期望一）。

③ 各类零件的表达方法。讲解主视图及其他视图的选择原则、方法和步骤。根据四大类非标准件的结构特点和主要功能用途确定各类零件的表达方法。要求学生能够识读零件图的各种表达方法，并能够根据零件的种类选择适当的表达方法（成果期望二）。

④ 零件图的尺寸标注。零件图上所标注的尺寸是加工制造、测量、检验零件的重要依据。尺寸标注的基本要求是正确、完整、清晰和合理，标注的格式要符合国标规范。

（3）学习小结

本次课程结束前，为学生播放一段小视频《工匠精神的理解》（时长 3 分 10 秒）。

案例 1–3　工匠精神的理解

案例描述 2016 年 3 月 5 日第十二届全国人民代表大会第四次会议《政府工作报告》中提到“工匠精神”，鼓励企业开展个性化定制、柔性化生产，培育精益求精的工匠精神，增品种、提品质、创品牌。在本视频中将“工匠精神”总结为 5 点：精益求精、一丝不苟、专注坚持、专业敬业、淡泊名利。“工匠精神”不仅是“中国制造”的需要，也是展示“中国形象”“中国实力”的需要，更是实现“中国梦”的需要！

思政目标 工程制图是工程师的语言。本次课程开始学习零件图时，务必培养学生重视零件图的规范性和严肃性。精益求精，注重细节，追求完美和极致；一丝不苟，确保上好每一堂课，画好每一张图；专注坚持，用心学习，认真完成每一次作业；专业敬业，热爱自己的专业，学好自己的专业；淡泊名利，做事踏实，不计较个人名利，日后为祖国的建设付出自己的一份力量；号召学生始终对“工匠精神”怀着一颗敬畏之心。

（三）思政效果

“工程制图”课程思政是以图片和视频的方式介绍与制图相关的典型人物、典型事件，传递正能量，提高学生制图学习的兴趣，进而提高学生阅读和绘制零部件图纸的能力；以培养学生具有认真负责的态度和严谨细致的作风为主题，加深学生绘制和阅读图纸必须遵循国标规范的意识；以新时代“工匠精神”为切入点，将工匠精神的精益求精、敬业奉献、持续专注、开拓创新、追求极致等实质内涵融入课程中。学生课程成绩不及格率近两年略有下降，且学生参加制图竞赛的热情持续高涨，以赛促学、以赛促教，学生在制图国赛和市赛中屡创佳绩。

二、机械设计

（一）课程基本信息

1. 课程思政教学定位

“机械设计”课程主要介绍机器机械部分设计的基本知识，重点讨论一般尺寸和常用工作参数下的通用零件设计，包括基本设计理论和方法、相关标准和技术资料。通过本课程的学习，学生应具有正确的设计思想、勇于探索的创新意识，学习和弘扬精益求精的工匠精神，激发出强烈的民族自豪感。

2. 课程思政教学案例设计思路

2016 年，在第十二届全国人民代表大会第四次会议《政府工作报告》中提到，鼓励企业开展个性化定制、柔性化生产，培育精益求精的“工匠精神”。这是“工匠精神”首次出现在政府工作报告中，引发代表委员们热议。他们认为，弘扬“工匠精神”将带动中国从“制造大国”走向“制造强国”，促进企业精益求精、提高质量，使认真、敬业、执着、创新成为更多人的职业追求。2019 年《全国政府工作报告》中指出，要“坚持创新引领发展，提升技术创新能力”。为社会输送合格人才是高校的主要任务，工匠精神和创新能力应该是这些人才所具备的素质之一。本课程思政案例基于 OBE 的理念，结合机械设计课程特点，挖掘相关要素，通过课堂讨论、线上互动、网课展示、线下作业等形式，增强学生的创新意识，培育工匠精神。

（二）案例教学设计

1. 教学内容和目标

教学章节为第 5 章 5.6 节螺栓连接的强度计算。

本节课通过理论分析和实例讲解，让同学们明白螺栓连接强度计算的重要性，激发他们对本节课知识点的重视和学习动力。通过本节课的学习，同学们意识到在设计过程中，需要严谨的工作态度，一丝不苟、精益求精。

学习目标：

了解螺纹连接的失效形式；

掌握松螺栓连接强度计算公式；

掌握三种紧螺栓连接形式的强度计算过程及相关公式。

成果期望：

对一定工作条件下的螺栓进行强度校核；

按照相应的强度条件计算螺栓的危险截面直径，进而选择合适的螺栓标准件。

2. 教学过程及思路设计

（1）知识引入

案例 2-1　英国诗人乔治·赫伯特的格言

For want of a nail the shoe was lost;

For want of a shoe the horse was lost;

And，for want of a horse the rider was lost.

案例描述　1485 年，英国国王理查德三世与亨利伯爵在波斯沃斯展开决战。战前，他的马夫为他备马，由于时间紧急，在钉马掌时少用了一颗钉子。结果在行军时，这个马掌丢了。在打仗时，因为少了这个马掌，理查德三世的战马被敌人掀翻在地，致使其被俘。理查德三世输了这场战争，也因此丢了国家。一颗钉子最终毁灭了一个国家，如附图 2-1 所示。

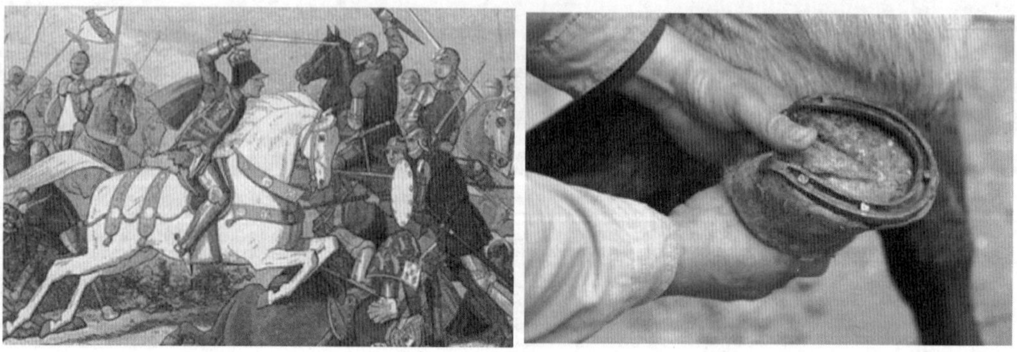

附图 2-1　战马掌钉的故事

思政目标　以大家熟知的历史故事为例，结合机械设计的知识点，说明了一颗钉子的关键作用，挖掘出严谨负责、一丝不苟的“工匠精神”的重要性，引导学生对工作态度进行思考。

案例 2-2　核电站事故

案例描述　1994 年，位于美国新罕布什尔州西布鲁克的核电站有 3 个放射性燃料组件受损，起因是一个固定在抽水泵上的螺栓由于振动脱落，最后被扫入冷却水的反应器中。该事故造成的停机维修，需要花费数百万美元。

思政目标　与案例 2-1 相结合，通过实际发生的事故原因分析，进一步说明严谨负责、精益求精的工作态度的重要性。让同学们明白在设计制造过程中，要严格按照工作流程，不能麻痹大意，否则可能因为一点小小的失误而产生严重的后果。

案例 2-3　高铁上的螺栓

案例描述 中国高铁技术起步虽晚但发展迅猛，在巨大的铁路运输市场需求下，中国高铁技术达到了世界一流水平。截至 2024 年底，全国高铁营业里程达 4.8 万公里。高铁列车组的众多部件由许许多多的螺栓连接固定形成一个坚实的整体。列车组在高速运行时存在瞬时冲击力和振动，这些不同方向上的交变力会使螺纹和螺母支撑面处的摩擦力瞬间消失，引起螺纹间相对滑动，多次重复以后螺栓就松脱了。所以要根据螺柱连接形式、使用环境和条件进行强度计算和相关设计，使其满足使用要求。附图 2-2 所示的高铁转向架，可以明显看出采用了多个螺栓进行紧固连接。

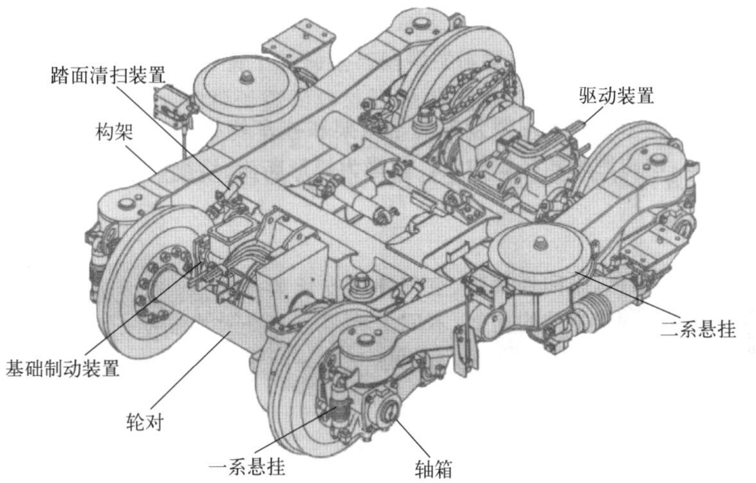

附图 2-2　高铁转向架上

思政目标 螺栓在高铁上的应用，说明了螺栓在我们日常生活中的重要作用。螺栓虽小，但其关系到设备的安全，关系到我们每一个人的生命财产安全。同时，小小螺栓也是大国重器的重要组成部分，我们在学习和工作过程中，应该以严谨负责、一丝不苟的工作态度，逐步培育工匠精神。

（2）知识讲解

根据螺栓的连接类型、载荷状态、装配情况，对螺栓强度进行分类计算。

① 松螺栓连接强度计算。结合实例，讲解松螺栓的应用场合，根据力学知识，推导松螺栓连接的强度条件，并在此基础上对松螺栓进行设计。

② 紧螺栓连接强度计算。根据螺栓连接的具体情况，紧螺栓可以分为：仅承受预紧力的紧螺栓连接、承受预紧力和工作拉力的紧螺栓连接，以及承受工作剪力的紧螺栓连接。通过动画的形式，展示螺栓在预紧以及受力工作过程中受力及变形，推导三种情况下螺栓危险截面的强度条件。学习重点是第二种情况下的螺栓总拉力、预紧力、残余预紧力以及工作拉力之间的关系。

③ 例题讲解。通过例题讲解在以上几种受力情况下，螺栓强度的计算以及螺栓直径的选取。

（3）互动讨论与作业

在学习通平台上设置线上讨论的互动环节，并布置课后作业。引发讨论与思考，让学生们意识到“蝴蝶效应”的可能性，我们现在的设计思路、设计方法的严谨性，对未来设计工作过程中“工匠精神”的培养有重要的基础作用。

（三）思政效果

除了课堂上的案例外，本课程网站上还专门设立了一个追梦求真专栏，通过文字、图片和视频的形式，宣传创新意识和大国工匠精神。

通过本课程的学习，同学们参加创新比赛的热情高涨，也取得了较好的成绩。近年来本专业学生参加创新比赛获得的省部级以上获奖项数如附图 2-3 所示，这也是学生创新能力的一个体现，为工匠精神的培育奠定了良好的基础。

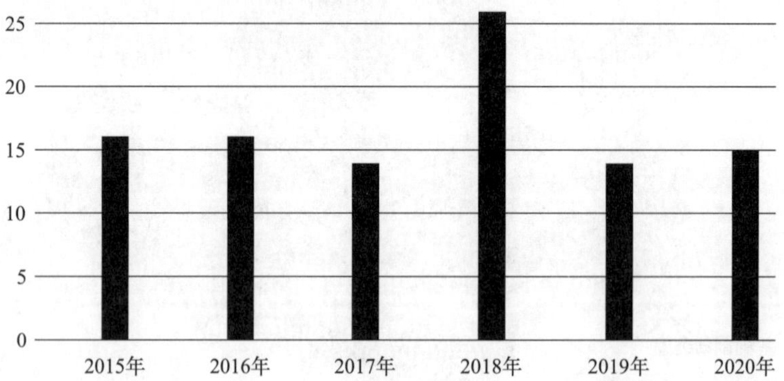

附图 2-3 本专业学生参加省部级以上创新比赛获奖项数

三、精密加工技术

（一）课程基本信息

1. 课程思政教学定位

“精密加工技术”课程主要介绍各类可实现高精度加工质量的传统与特种加工原理、工艺与方法，以及实现这类精密、超精密加工的关键支撑技术。通过课程学习，学生应具备分析、理解相关精密和超精密加工解决方案的技术优势和局限性的能力，以此理解精密加工过程中实现环境保护、节能减排和可持续发展的重要性，培养学生具备绿色设计和绿色生产的理念。

2. 课程思政教学案例设计思路

“十四五”时期，是中国实现制造强国第一个十年目标的攻坚阶段，也是我国实现第一个百年奋斗目标的决胜期，更是我国实现第二个百年奋斗目标的起步期。各省市发布的“十四五”规划，全部提到了绿色低碳发展路径，将节能减排、绿色清洁作为各行各业的发展方向。同时，全面实施绿色制造是《中国制造 2025》九大战略任务之一。本课程从古代经典讲到如今的国家政策，从华夏文明璀璨历史中挖掘思政元素、从党的百年奋斗历程中汲取丰富营养，结合实物展示、实践教学和小组讨论等教学模式，让学生对精密加工及制造业的整体格局和发展趋势及其与环境保护和可持续发展的关系有清晰、准确的认识，能够以绿色制造思想为指导对精密加工制造领域的实际问题进行工艺路线的选择和优化。

（二）案例教学设计

1. 教学内容和目标

教学章节为第 4 章 4.1 节 固结磨粒加工特点及原理。

以生活和工程中的加工实例为切入点，介绍固结磨粒加工的概念、特点和分类，重点介绍砂轮磨削的机理和特点。结合精密加工实验平台参观与实践，引导学生掌握本节课的重点内容，即砂轮磨具的关键要素、磨削原理和磨削温度。基于“以学为中心”的教育教学理念，明确本次教学的目标与成果期望。

学习目标：

了解砂轮磨削的原理、磨具关键要素以及磨削过程的温度变化。

成果期望：

理解磨削加工机理与特点；

掌握磨削加工的应用前景。

2. 教学过程及思路设计

（1）知识引入

案例 3-1 “玉不琢，不成器”

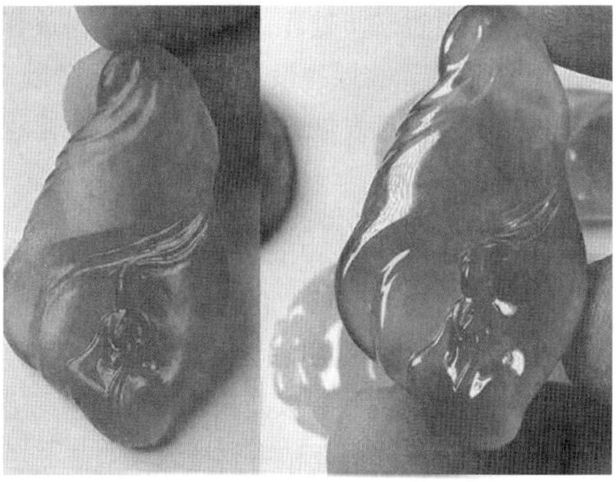

附图 3-1 玉不琢，不成器

案例描述 水凳是古人加工玉石的重要工具，由平台、麻绳、踏板、转轴、木桶、侧板以及砣具构成，且设有装水的木桶（为了让摩擦受热的玉石冷却），只需一人用双足踩踏蹬板，反复砣碾即可加工玉石（附图 3-1）。传统手工制玉虽然温润但其费时费力，张广文先生在《玉器史话》中有一段记述，可见手工制玉的繁杂。“玉器制造的工序极复杂，制作一件玉器需要画样、锯料、做胚、做钿、磨光、刻款等主要工序。玉材硬度一般在七度左右，质地非常硬，普通金属刀具不能刻动，加工时需要用琢磨法碾制。一般是在一个桌凳上安上脚踏皮带传动装置，带动一个砣子旋转，砣子有大有小，依加工需要更换，最小的砣子仅有钉头大小，砣子上加水，再加着一种极硬的‘解玉砂’在玉材需要加工的部位，旋转碾磨，因而加工速度极慢。一件玉器，不仅材料贵重，制造时所用工时也非常浩繁，特别是清代宫廷制玉，速度极慢，成本相当高。例如乾隆三十年七月苏州解办的青白玉大碗，高三寸五分，口径五寸八分，每件做胚用六七十工，打钻掏膛九十一工，做钿六十三工，光玉四十一工，镀刻年款四字做四工。”由此可知清代制玉用工之一斑。

思政目标 以古代玉石磨削的烦琐工艺为切入点，引出精密加工技术的必要性和重要性。让学生认识到，实现精密加工的过程就是一个不断锤炼和提升的过程，精密加工技术为提高生产效率、减少资源消耗，实现绿色生产提供了有力保障。

案例 3-2　绿色制造强国战略，精密加工从我做起

案例描述 全面实施绿色制造工程是制造强国建设的战略任务，也是推进供给侧结构性改革的重要举措。2024 年 7 月，国务院新闻办公室举行“推动高质量发展”系列主题新闻发布会。会上，工业和信息化部新闻发言人赵志国表示，工业是我国能源消费和碳排放的重要领域。绿色低碳是新一轮科技革命和产业变革的重要趋势。推动工业领域的绿色低碳发展，也是推进新型工业化的内在要求。因此，绿色制造和绿色发展不仅包括对能耗和物耗等生产成本的节约，更应包括对污染排放的严格控制。

磨削液（附图 3-2）是磨削加工中用于润滑、冷却，甚至清洗、防锈的重要媒介，但也属于污染比较大的工业废水，因此，国家明确规定废旧磨削液必须经过处理后才能进行排放。磨削液排放前通常需要采用蒸发浓缩处理（磨削液废水处理设备或低温蒸发器），使得废水进入低温真空蒸发器并在真空低温条件下蒸发，水蒸气在抽真空过程中冷凝形成蒸馏水，收集至清水储存罐中，剩余的微量废物再外协进行处理。通过蒸发器后，废水量可减少 95% 以上，且蒸馏液可回用或再进一步处理，达到中水或排放标准。

附图 3-2　磨削液

思政目标 在课程设计中引入“绿色制造强国战略”导向，让学生牢记精密加工要符合绿色发展、可持续发展的理念，培养学生工程伦理意识和严谨的治学态度。

（2）知识讲解

① 固结磨粒加工中的磨削加工。以生活和工程中的实例，如圆轴、玻璃等材料的加工为切入点，结合实物展示，介绍磨削加工的概念、特点和分类。

② 砂轮磨削加工机理。利用视频、动画结合文字等丰富的形式深入浅出地描述砂轮磨削加工中材料去除的过程以及磨削产生的亚表面缺陷、残余应力、磨削温度的变化情况等，了解磨削加工的基本流程和主要技术难点。

③ 磨削不同材质工件的异同。以提问方式，让学生思考并明确不同材质工件，如金属材料和硬脆材料磨削过程的相同点与不同点，让学生明确磨削加工的本质和前景。

（3）学习小结

课堂上利用“玉不琢，不成器”和“绿色制造强国战略，精密加工从我做起”两个生动案例引入课程知识，结合磨削实物展示和实践教学体验，让学生深刻理解精密加工技术对节能减排、可持续发展的重视，在专业领域树立起清洁生产、高效加工、智造强国的理念。

（4）互动讨论与作业

以作业形式设置课题思考与探索的互动环节。让学生以小组为单位，进行磨削加工案例收集和资料整理，在下一次课上每个小组分配 5~10 分钟时间进行案例展示，展示方式主要为 PPT 结合视频的形式，展示完毕后小组间进行交流研讨。教师通过案例收集、课堂展示和交流互动，进一步加深学生对精密加工、精密磨削的理解度，提高学生对绿色制造含义的认识度。

（三）思政效果

在课堂内外引入思政案例教学，极大增强了学生的学习热情，同时学生在老师的指导下亲手操作磨粒加工设备，通过实践教学和启发式教学，实现以知促行、以行求知的思政教学效果。学生将课上悟到的“绿色制造”思想应用于课堂内外的学习和生活中，积极思考与凝练，将这一理念应用于创新设计和工程实践，多名本科生获得相关发明专利授权和校级及以上创新创业大赛荣誉。

四、机械制造技术

（一）课程基本信息

1. 课程思政教学定位

“机械制造技术”是机械设计制造及其自动化专业的一门必修的专业技术课，为培养既熟悉机械工程基础理论和方法，又能从事机械产品的设计和制造的高级工程技术人才奠定基础。学习此课程可使学生掌握金属切削基本原理；掌握机械加工工艺的基础理论和基本规律；熟悉常用机床设备的工作原理、工艺范围；掌握机床夹具的设计原理；具有机械制造技术的基础知识；能独立分析和解决工程实践问题，解决工程实际中的机械制造工艺问题，开展新工艺、新技术创新。本课程的学习可培养学生注重细节，一丝不苟，做到精益求精，弘扬“工匠”精神。理论与实践并重，培养“理实一体化”人才，以及良好的团队合作能力。

2. 课程思政教学案例设计思路

介绍国内外先进的加工方法，引入设备并比较国内外设备性能，激发爱国情怀，强化责任担当；强调“中国制造 2025”是首次站在国家战略层次提出了弘扬“工匠精神”的重要性，2017 年的政府工作报告再次指出“质量之魂，存于匠心。要大力弘扬工匠精神，厚植工匠文化，恪尽职业操守，崇尚精益求精，培育众多‘中国工匠’，打造更多享誉世界的‘中国品牌’，推动中国经济发展进入质量时代。”再次强调了“工匠精神”的重要性，并且提出培育更多的中国工匠、打造中国品牌。工匠精神的内涵是指工匠对自己的产品精雕细琢，追求完美和极致，对精品有着执着的坚持和追求，具有精益求精的精神理念。工匠精神的目标是打造本行业最优质的产品，其他同行无法匹敌的卓越产品。工匠精神，正是追求精益求精，专业专注、一丝不苟且孜孜不倦的体现。

（二）案例教学设计

1. 教学内容和目标

教学章节为第 1 章 1.2 机械加工方法。

掌握零件的机械加工方法：车削、铣削、刨削、钻削与镗削、齿面加工、复杂曲面加工、磨削、特种加工。比较以上机械加工工艺之间的差异和用途。基于成果导向的 OBE 理念，明确本次教学的目标与成果期望。

学习目标：

掌握常用的机械零件加工方法，熟悉车削、铣削、刨削、钻削与镗削、齿面加工、复杂曲面加工、磨削、特种加工等常见工艺。

成果期望：

能够分析发动机五大件的加工工艺方法，为后续零件的机械加工工艺过程编制奠定基础。

2. 教学过程及思路设计

（1）知识引入

案例 4-1　从两千元疯涨到上万元，网络疯传的“网红神棍”原来是这么制造

案例描述　新冠疫情当下，口罩作为最主要、最大量的防疫产品，需求量被无限地放大，由此带来的口罩机的生产也就自然而然地被推到了机械人的面前，因此也催生出了三大网红产品——印花辊、熔喷头和超声波熔接机。其中，作为依靠四轴加工中心生产的印花辊从市场价的 2000 元一套一度炒至 20000 元一套，成为当之无愧的网红产品！因为形状像擀面杖或者棍子，因此被坊间称为“神棍”，是当前机械行业中的绝对网红，它的学名叫熔接齿模！那它是怎么加工口罩的呢？全自动折叠式口罩生产线（如 N95 口罩），设备整卷上料，多层无纺布料卷经过复合滚焊，鼻线放卷裁切之后熔接、两卷耳带自动放卷、定长裁切之后熔接，然后本体对折成型，经过超声波焊接熔合之后，口罩滚切成型。生产的口罩佩戴舒适，过滤效果好，契合人的脸型。在 N95 口罩生产工序中，最为关键的部分就是口罩的熔接，它对口罩的过滤效果和密封性具有决定性作用。而熔接最关键的部件就是我们的“神棍”——熔接齿模，主要对口罩边缘进行熔接与裁切。附图 4-1 就是利用四轴加工中心的机械钻铣工艺加工熔接齿模的过程。

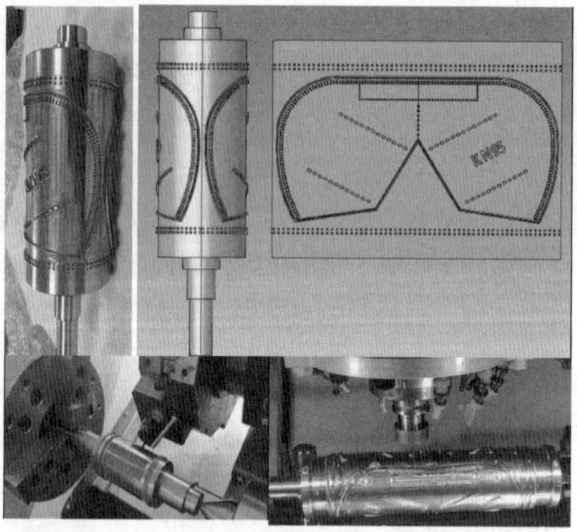

附图 4-1　口罩中的“网红神棍”（熔接齿模）加工过程

思政目标　以当今热点实际案例展现掌握机械加工工艺方法的重要性，同时具备国产的先进加工设备才能实现精密的加工工艺。再次彰显了“中国制造 2025”战略以及致力于完成中国从工业大国到工业强国转型的重大意义。中国要成为工业强国，必须有过硬的工业技术。

与全球领先的装备制造企业相比，中国企业不但需要加强技术，更需要“工匠精神”，如果不唤起“工匠精神”，中国就谈不上成为世界制造强国。

案例 4-2　第三代半导体芯片的制造加工及设备

案例描述 在我国进行产业升级的浪潮中，碳化硅以其独特的性能得到了越来越多的应用。如：高功率电力电子设备、微波射频、人造宝石、光电照明和显示等。随着技术的不断进步发展，价格也逐步下探，正迎来历史性的发展机遇。有专家预测：以碳化硅为代表的第3代半导体材料及器件产业，将是继风能、太阳能之后又一新兴的大产业。我国是碳化硅最大的应用市场，占据全球近一半的使用量，但是我国的碳化硅产业还很不完善，国内从事碳化硅材料及器件研发制造的多为高校和科研院所，缺乏产业化能力，不过近年来国内已有少数企业开始进入碳化硅领域，具备 100mm 碳化硅晶片产能，碳化硅器件已初步实现量产。碳化硅材料及器件整线工艺大致分为晶体生长及晶体加工，芯片制造和芯片封装。关键加工设备（附图 4-2）主要包括：碳化硅单晶生长炉、金刚石多线切割机、背面减薄机、碳化硅研磨机、碳化硅抛光机等。

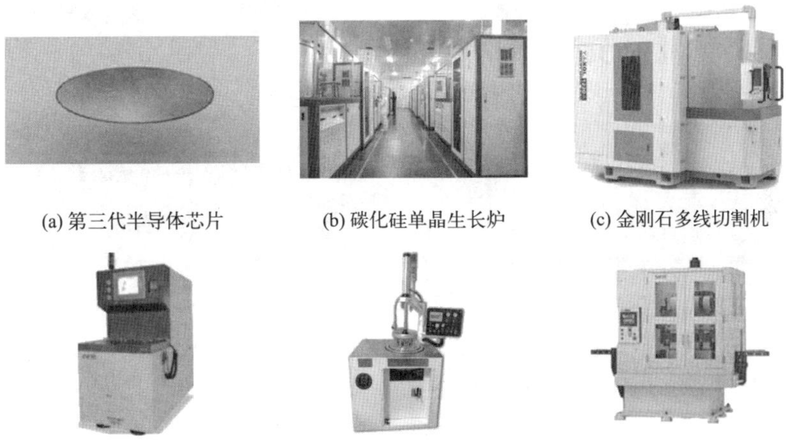

(a) 第三代半导体芯片　(b) 碳化硅单晶生长炉　(c) 金刚石多线切割机

(d) 背面减薄机　(e) 碳化硅研磨机　(f) 碳化硅抛光机

附图 4-2　第三代半导体芯片的制造工艺及设备

思政目标 在课程授课里面结合当今最热点科研难题——第三代半导体芯片的制造工艺及设备的讲解，增强学生科技振兴国家的爱国情怀，勤奋学习、发奋图强，有志于攻克第三代半导体芯片微纳加工的“卡脖子”难题。

案例 4-3　特种加工技术在我国航空发动机制造中的应用

案例描述 为了提高发动机的可靠推力，新型发动机采用大量的新材料，且结构越来越复杂，加工精度要求越来越高，对制造工艺提出更高的要求。现代航空发动机技术向着复合化、整体化、精密化的方向发展。特种加工技术也称“非传统加工技术”，是利用化学能、电能、声能、热能、光能等能量单独或多种能量组合，达到去除或增长材料或材料改性的加工方法，从而实现材料被去除、增长、变形、改性或被镀覆等。这种特殊技术的出现，解决了现代航空制造业的难题，并在某些方面优化了制造工艺和方法。涡轮机叶轮的三维几何通道在过去是不能制造的，通常在五轴联动的铣床上仅能对开放的这种类型进行加工制造，对于不开放的极端螺旋几何通道是不能加工的，但是现在六轴以上的电火花成形机床可以实现加工了。国际上普遍采用电解加工设备代替传统机械加工设备来实现整体叶盘、叶片的精粗加工及电解抛光，达到整体叶盘叶片、叶轮的叶片型面轮廓尺寸及表面粗糙度的工艺要求。发动机的风扇叶片采用激光冲击强化技术，可增加其使用寿命，压气机、燃烧室及涡轮等零部件的制造主要采用激光制孔、激光切割、激光焊接来完成，可提高零部件的加工效率与加工精度。如附图 4-3 所示。

(a) 德国EMAG整体叶盘电解加工设备　　(b) 激光加工技术在发动机制造中的全面应用

附图 4-3　电解和激光加工在航空发动机制造中的应用

思政目标　新型航空发动机采用特种加工技术来解决加工制造难题，鼓励学生善于思考、勇于创新。进一步深化引导，建设世界科技强国，需要我们瞄准世界科技前沿，激发创新活力。

（2）知识讲解

① 切削运动的基本概念

结合车削金工实习讲解主运动和进给运动的定义和各自的特点，举例说明车削、铣削、钻削和磨削各自工艺的主运动和进给运动。

② 机械加工方法

结合视频、实物照片具体讲解以下机械加工方法：车削、铣削、刨削、钻削与镗削、齿面加工、复杂曲面加工、磨削、特种加工。

（3）发动机典型五大件工艺方法选择

以发动机典型五大件（附图 4-4）为例，采用提问方式，让学生选择其各自的加工工艺方法。

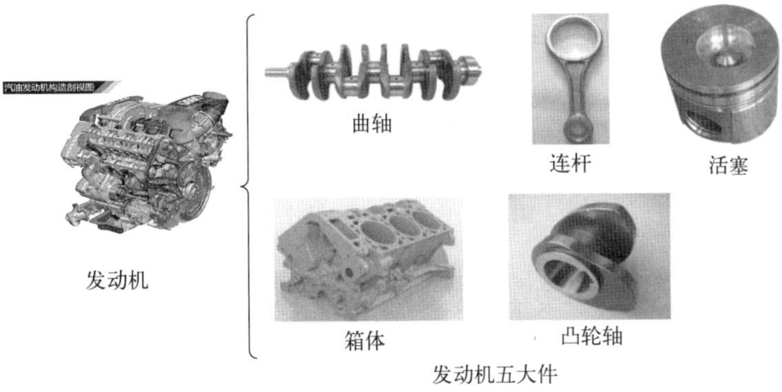

附图 4-4 发动机五大件

3. 学习小结

以学习思路为主线，基于知识的学习，再次以口罩生产装备中的“网红神棍”为例，回顾总结学习内容与逻辑，整个过程包括：工业热点现象—概念规律—工艺特点分析—工程应用—开拓创新，如附图 4-5 所示。再次鼓励学生掌握知识、勇于开拓创新，深刻体会到大国重器和自主创新技术是科技强国的重要途径。

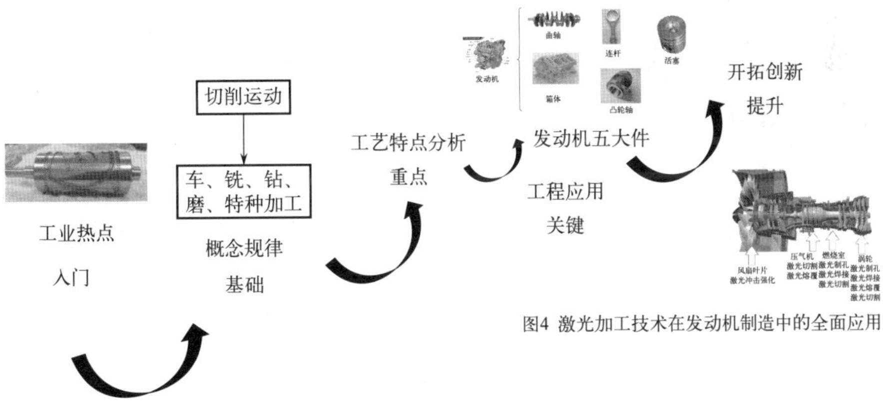

附图 4-5 机械制造技术学习思路

4. 互动讨论与作业

设置线上思考与探索的互动环节，布置作业，如附图 4-6 所示。设置讨论与思考，让学生们意识到先进制造技术的重要性，只有提高我们的先进制造技术及装备水平，才能解决芯片等“卡脖子”难题。鼓励学生利用所学知识积极创新，解决目前亟须攻克的加工技术难题。

（三）思政效果

在这门课上，通过故事案例讲解、热点新闻展示等方法，带领大家观察现象、分析过程、讨论：陀螺仪是如何制造出来的？

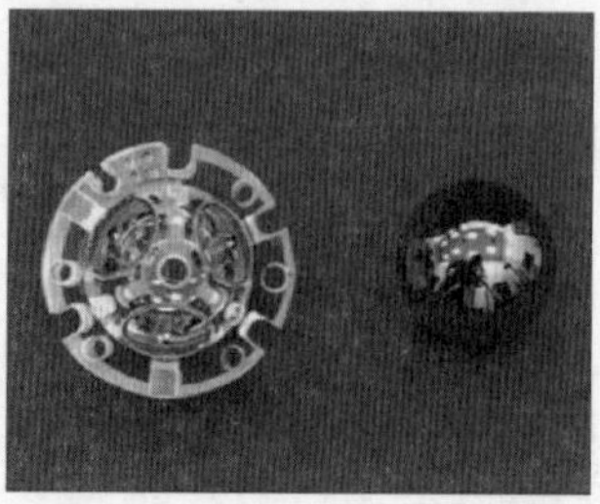

来自课程《机械制造技术B》

附图 4-6 线上讨论及作业

总结规律，并且在课程结束后还会在学校课程网站平台上“抛”给同学们一个开放性问题，促进大家深入思考、学以致用。

美国 MX 战略导弹（可装 10 个核弹头）制导系统的陀螺仪是决定瞄准命中的最关键部件，附图 4-6 中右边的圆球就是石英制的转子，是近乎完美的球体。每个陀螺仪的转子是一个乒乓球大小的石英球，表面涂着一层极薄的金属铌，它们能以每分钟 1 万转的速度旋转。这些石英球是人类迄今制造过的最接近完美球体的东西。如果把一个石英球放大到地球那么大，那么它表面上最高山峰顶点与最深海沟底部之间的高度差还不足 5 米。

“陀螺仪转子加工精度要求非常之高以至于常规切削加工方法很难达到加工要求，必须用特种加工方法，更坚定了我后续选修‘精密加工技术’的欲望和决心。我们国家科技的强大必须依靠更加先进的制造技术。”18 级班长江云云同学学完这个章节后深有感触地说。

五、机械创新及实践

（一）课程基本信息

1. 课程思政教学定位

结合国家对创新的指导思想，基于 OBE 理念，“机械创新及实践”通过课堂讨论、动手实践、参加创新比赛等形式提高学生对创新的理解，培养同学们的工程创新意识和创新能力。同时，以小组的形式进行项目设计制作，提高了学生的团队合作能力和沟通交流能力。科技创新的案例培养和增强了学生的爱国情怀和民族使命感。

2. 课程思政教学案例设计思路

创新是引领发展的第一动力，创新始终是推动一个国家、一个民族向前发展的重要力量。党的十八大以来，以习近平同志为核心的党中央高度重视科技创新工作，观察大势，谋划全局，深化改革，全面发力，推动我国科技事业取得历史性成就、发生历史性变革。天宫、蛟龙、天眼、悟空、墨子、大飞机、高铁、北斗等重大创新成果竞相涌现，科技创新势头强劲，一些前沿领域开始进入并跑、领跑阶段，科技实力正在从量的积累迈向质的飞跃，从点的突破迈向系统能力提升。

紧扣科技强国的指导思想，结合机械创造发明史、社会热点新闻、国家重要会议和指导文件，基于 OBE 理念，引入轮转式发石车、港珠澳大桥和中兴事件等科技创新的案例，培养和增强学生的创新意识、民族使命感和爱国情怀。教师通过课堂讨论、动手实践、参加创新比赛等形式，实现德育与智育的有机结合，达到润物细无声的理想效果。

（二）案例教学设计

1. 教学内容和目标

教学内容为创新设计的选题方法。

结合我国机械发展史上多个科技创新的案例，展现工业生产中机械创新对于国家及社会发展的意义。基于成果导向的 OBE 理念，明确本次教学的目标与成果期望。

学习目标：

理解创新的概念；

完成创新项目选题。

成果期望：

培养创新意识；

为创新方案设计奠定基础。

2. 教学过程及思路设计

（1）知识引入

案例 5-1　轮转式发石车

案例描述 三国时的官渡之战，曹操曾使用“发石车”攻击袁绍的阵地。发石车像个大天平，一头挂着一个斗，斗里装满大小石头，另一头挂着许多根绳子。作战时，士兵们一起用力拉绳子这头，装石头那头就飞快地翘起来，这样，石头就被抛出去打击敌人。这种发石车缺点很多，每发射一次，都要花费一些时间，而且效果不大。马钧在原来作战用的发石车的基础上，重新设计出了一种新式的攻城武器——轮转式发石车（附图 5-1），利用一个木轮子，把石头挂在木轮上，这样，装上机械带动轮子飞快地转动，就可以把大石头接连不断地发射出去，使敌方来不及防御。这在当时说来，威力是相当大的。

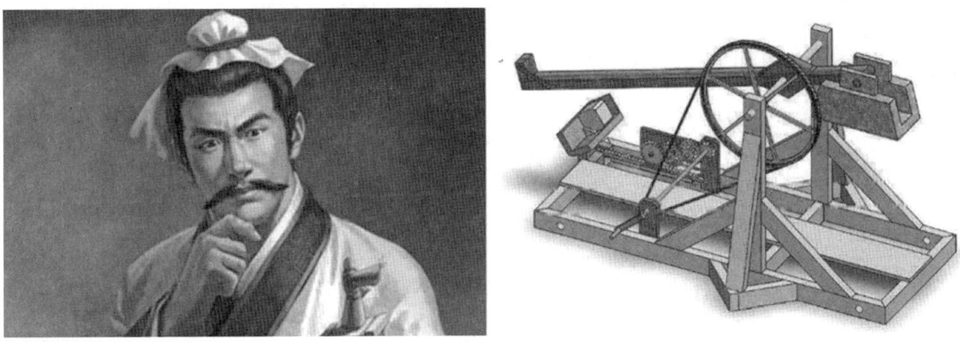

附图 5-1 马钧及其发明的轮转式发石车

思政目标 以“轮转式发石车的发明”案例展现我国古代著名机械发明家马钧的创新能力，培养和增强学生的创新意识和文化自信，引导学生对于机械创新进行深入思考。

案例 5-2　港珠澳大桥：超级工程背后的创新吊装工艺

案例描述 播放“中国正在说”栏目的节目视频“港珠澳大桥：超级工程背后的创新故事”吊装工艺技术片段。港珠澳大桥的海底隧道全长 6.7 公里，是世界上最长的公路沉管隧道，由 33 根沉管和 1 个合龙段组成，从水泥配比的研发到安装，每一根沉管都几乎分毫不差地完成了“海底穿针”，最终构成了港珠澳大桥的海底隧道部分。港珠澳大桥岛隧工程总工程师林鸣指出：“创新并不是显示所谓的创造性，而是为满足需求另辟蹊径地完成工程任务。”这项超级工程背后创新地形成了 400 多项新专利，其中 7 项是世界上最好的，总体设计和关键技术都是自主研发的。特别是九洲航道桥桥塔的吊装采用整体竖转提升方案，也属国内首创，填补了用提升支架整体提升、滑移滑道竖转方式安装上塔柱领域的一项国内空白。江海直达船航道桥三座“海豚”造型钢塔的吊装则采用两台大型浮吊船协同作业，将 2000 多吨的钢塔在海上实现空中翻转，最后精确定位在承台上，其整个吊装工艺的研究历时两年，属世界首创，如附图 5-2 所示。

附图 5-2　港珠澳大桥“海豚”造型钢塔成功吊装

思政目标 本案例进一步体现创新思维的重要作用和创新项目选题中的社会需求导向，增强学生的责任感和使命感，树立科技兴则民族兴、科技强则国家强的信念。引导学生关注中国特色社会主义现代化背景下的科学技术和社会发展等重大问题，瞄准世界科技前沿，鼓励学生以民族发展为己任，发扬工匠精神，勇于创新。

案例 5-3　中兴事件背后的“中国芯”

案例描述 中国在芯片设计领域存在设计工具和制造方面的两大“短板”。芯片设计是在电子设计自动化工具（EDA）软件平台上，通过计算机进行逻辑编译、化简、分割、综合、优化、布局、布线和仿真等来完成的，而能提供该软件服务的主要是外国公司。在芯片制造领域，包括制造工艺和制造装备方面，整体而言，中国的制造能力亟待提高。芯片制造听上去像是传统制造，实际上其制造工艺和装备的精密、繁杂程度远超后者。具体来说，其工艺包括光刻、刻蚀、离子注入、薄膜生长、抛光、金属化、扩散、氧化……与这些制造工艺相对应，制造相关的关键装备多达 200 多种，其中包括光刻机、刻蚀机、清洗机、切割减薄设备、分选机以及其他工序所需的扩散、氧化、清洗设备等。每种装备的制造技术要求都很高，制造难度极大且造价十分高昂。目前，在芯片制造领域，处于领先地位的企业大多来自美国、日本等国家和地区，中国芯片制造厂的一大批装备需要从国外进口。我国芯片行业已上升到国家战略高度。2014 年出台的《国家集成电路产业发展推进纲要》和 2015 年的《中国制造 2025》文件中有明确提出：我国芯片行业已上升到国家战略高度，2020 年国务院发布的《新时期促进集成电路产业和软件产业高质量发展的若干政策》强调集成电路产业和软件产业是信息产业的核心，是引领新一轮科技革命和产业变革的关键力量，旨在通过加大研发投入、优化产业布局、加强人才培养等措施，推动国产芯片从“可用”向“好用”转变。芯片设计制造流程如附图 5-3 所示。

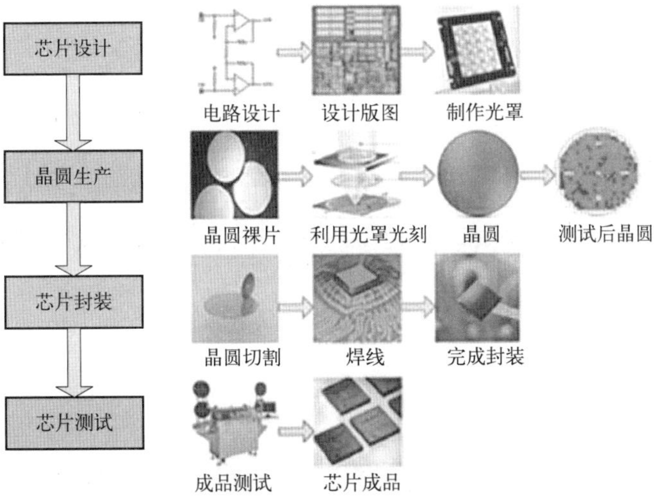

附图 5-3 芯片设计制造流程

思政目标 核心技术是买不来的。中国芯片技术和产业的“短板”最终还是需要中国人踏实创新来解决。“芯片”事件案例启发学生要学好理论，以国家重大装备设计研发为目标，进行创新探索和实践，以科技创新为动力，担当制造强国使命。

（2）知识讲解

知识点：创新设计的选题方法。

① 基于社会需求选题。正确地发现和捕捉社会需求，是确定机械创新设计选题的最基本的途径。社会需求包括人们在生产和生活中的各种需求。我们的创新设计要基于满足大多数人的社会需求，而不是满足少数人的不正当需求。

② 融合科技进步选题。科学技术的发展为机械创新设计提供了新的手段，开辟了新的创新领域。在创新设计中要充分利用先进的科学技术和手段，为创新不断注入新的动力。例如，激光、纳米、复合材料、石墨烯等新技术和新材料的应用。

③ 结合生产发展选题。生产发展中，现代生产需要多道工序、多个行业协调平衡，薄弱环节的革新改进会促使整个生产水平的提高。例如，飞梭提高了织布速度，需要棉纱提速来适应；物流需要运输和装货来平衡。

④ 根据遇到的“不方便”选题。生活中存在的“不方便”预示着对某种事物的“需求”，

对“不方便”进行创新设计，既可以保证创新设计的新颖性，又能保证创新设计的实用性。根据“不方便”确定创新设计的选题，是一种成功率比较高的方法。

⑤ 根据遇到的“意外”选题。生活中的“意外”对有准备的头脑来说是一种机遇，“意外”之中存在着一些未被我们认识的规律，抓住这些机遇就可以探索未知的规律。

⑥ 根据事物的关键弱点选题。根据事物的关键弱点，进行有针对性的工作，可以做到事半功倍，从而快速取得创新成果。例如，针对化学功能复印机的弱点而发明的静电复印机。

（3）学习小结

结合逐层递进的三个案例：三国时期马钧发明轮转式发石车、港珠澳大桥超级工程创新吊装工艺、中兴事件背后的“中国芯”，不断增强学生的创新意识。创新的设计源于创新的选题，鼓励学生及时发现和捕捉社会需求，以当前科技进步和生产发展目标为导向，组建创新项目小组，合理地进行创新设计选题，并通过团队协作完成创新方案的设计，解决现有实际问题。

（三）预期思政效果

结合轮转式发石车、港珠澳大桥和中兴事件等科技创新的案例，将文化自信、民族使命感和爱国情怀等思政元素渗透到学生的选题方法学习中，实现德育与智育的有机结合。

六、机械装备结构设计

（一）课程基本信息

1. 课程思政定位

“机械装备结构设计”课程以机床及其零部件的典型结构设计为主线，着重介绍机械装备零部件结构设计原则、主传动系统运动设计规律、主轴组件与支承件及导轨的设计方法，并对机械结构中的优化设计方法进行概述。通过本课程的学习，学生将具备将抽象的机械工作原理具体化为零部件技术图样的能力。同时，提升学生的民族自信心和专业使命感，培养学生精益求精、脚踏实地的工匠精神，具备自主创新、赶超先进的科技强国意识。

2. 课程思政教学案例设计思路

党中央在 2016 年全国科技大会及两院院士大会上吹响了建设世界科技强国的号角，提出了我国科技事业发展的目标是到中华人民共和国成立 100 年时使我国成为世界科技强国。近年来，我国科技发展突飞猛进，但在某些关键科技领域依旧存在“卡脖子”的情况，在当前复杂多变、不确定性增大的国际环境下，“卡脖子”技术问题对国家发展和安全的制约不断凸显。2020 年，教育部提出将聚焦关键领域核心技术，以超常规方式加快培养一批紧缺人才，为国家解决“卡脖子”问题和推进科技创新作出贡献。

为此，结合近年来大国重器、超级工程等国家重大项目以及制造强国战略的需求，本课程基于产出导向的理念（OBE 理念），在课堂环节中利用线上与线下融合的教学方式，将国际形势、社会热点、国家需求、先进技术、科技人物事迹等以小视频等形式插入课程教学，增加学生对课程学习的参与度，将工程素养和专业知识贯穿到课程学习中，调动学生自主学习专业知识的内驱力，实现德育与知识的有机结合，潜移默化地渗透思政育人元素，增强学生科技强国的专业使命感，培养求真务实、勇于创新、坚韧不拔、严谨自律的学术精神。

（二）案例教学设计

1. 教学内容和目标

教学章节为第 5 章 5.2 节主轴组件常用轴承结构及选型。

基于成果导向的 OBE 理念，以案例为背景讲解常用轴承的结构及选型的依据，让学生了解轴承在机械装备结构中的作用，引导学生将本节课学习的知识点应用到工程中，初步具备轴承分析及设计的能力。

学习目标：

了解主轴常用滚动轴承的种类，掌握各类滚动轴承的性能和特点，了解滚动轴承的配置原则。

了解主轴常用滑动轴承的种类，掌握动压滑动轴承的工作原理。

成果期望：

初步具备主轴组件常用轴承的分析和设计能力。

2. 教学过程及思路设计

（1）案例引入

轴承是主轴组件的重要组成部分，是现代机械设备中不可或缺的零部件，对机械设备的正常运转起着至关重要的作用。轴承的制造水平可作为衡量一个国家科技水平、工业实力的重要标准，当今世界科技、工业强国无一例外是轴承研发、制造强国。虽然我国已能够制造很多高端轴瓦，少数核心领域也已突破了西方封锁，但大量的高端轴承却还是要依靠进口。近年来，随着我国对高端轴承需求量的大幅增长，如航空航天轴承、海洋工程装备轴承、机床主轴轴承、高速动车组轴承、机器人轴承、风电轴承等，在当前的国际形势下，面对美国主导的世界格局，我国就必须面对被人在关键领域“卡脖子”的风险。面对高端轴承的短板，我国也只有加大在高端轴承研制在人力、财力、物力方面的投入，才能早日实现由轴承大国到轴承强国的根本性转变。

案例 6-1　中国高铁及高铁轴承

2008 年，京津城际高速铁路开通，车速达到每小时 350 公里，是我国第一条具有自主知识产权的高铁。如今，中国高铁已经名扬四海，成为中国在世界上的一张名片，令中国人骄傲不已。但我国高铁的国产率并非 100%，还有 3% 的关键技术未被攻克，而这 3% 之中，高端轴承占了其中之一。

高端轴承是高铁行驶过程中最重要的核心硬件，其对自身的性能要求很高，除了高铁轴承本身的承载能力、耐高温性和耐磨损性得足够强之外，还得适应我国各地的气候条件，如附图 6-1 所示。高铁轴承技术一直被国外企业垄断，为了确保高铁的安全运行，我国也一直采用进口轴承。为了实现高铁轴承的大批量国产化，我国的轴承设计人十年如一日，在经历了数千次失败之后，洛阳 LYC 轴承所制造的高铁轴承已经经过 120 万公里的耐久测试，这也意味着高铁轴承距离国产化不远了。

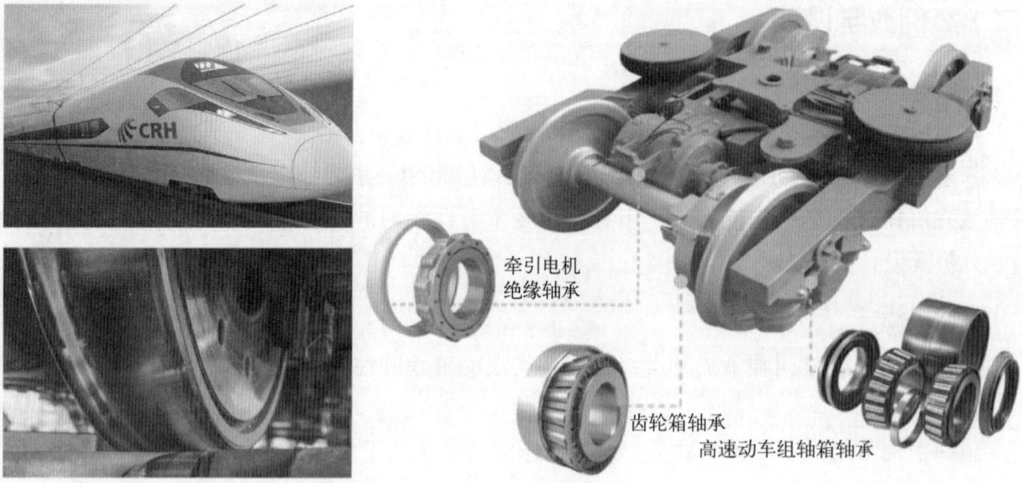

附图 6-1 高端轴承在高铁中的应用

思政目标

① 关键核心技术是要不来、买不来、讨不来的，通过我国在高端轴承技术领域的“卡脖子”问题，引导学生领会核心技术要掌握在自己手里的深刻内涵，让学生意识到解决技术“卡脖子”关键还得靠自力更生，同时，培养学生勇攀科学高峰的责任感和使命感。

② 结合高铁轴承和风电轴承的研发案例，培养学生在基础研究、核心技术、“从 0 到 1”的探索中，要敢于提出新理论、开辟新领域、探索新路径。

（2）知识讲解

主轴支承所用的轴承有滚动轴承和滑动轴承两大类。选择时应根据主轴的工作要求、制造条件和经济效果等综合考虑。

① 主轴组件常用滚动轴承。结合案例和图片，讲解常用滚动轴承的分类、各类滚动轴承的性能和特点，以及如何根据滚动轴承的特点及机器设备的工况条件进行主轴轴承的配置。附图 6-2 所示为 C7620 型多刀半自动车床主轴组件。

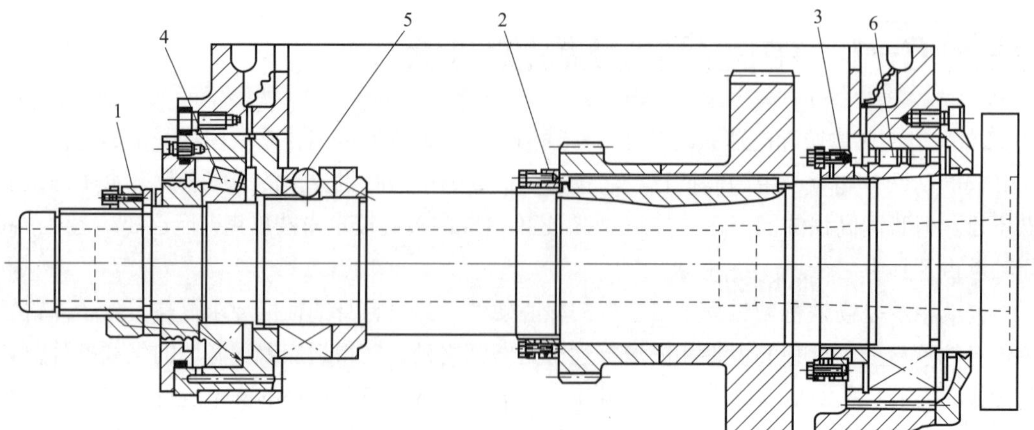

附图 6-2 C7620 型多刀半自动车床主轴组件

② 主轴组件常用滑动轴承。结合案例，讲解常用滑动轴承的分类、各类滑动轴承的性能和特点以及动压滑动轴承的工作原理，并以短三瓦滑动轴承（附图 6-3）和固定多油楔轴承为例，进一步加深学生对滑动轴承的认识。

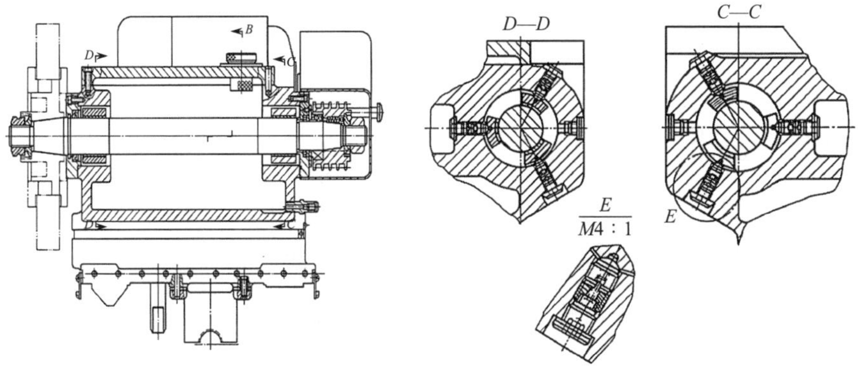

附图 6-3 短三瓦滑动轴承及其工作原理

（3）互动讨论与作业

设置线上思考与探索的互动环节，布置作业。鼓励学生利用思维导图等高效学习工具，对滚动轴承和滑动轴承的分类、特点、应用场合、配置原则等知识点进行总结；搜集资料去了解轴承在我国航天、航空、高铁、精密机床、风电等领域中的应用以及讨论所应用的轴承类别，鼓励学生利用所学知识积极创新，解决目前高端轴承领域的“卡脖子”问题。

七、流体力学及液压气动技术

（一）课程基本信息

1. 教学理念与课程定位

液压与气动技术的应用在社会经济建设中发挥着重要的作用，载人航天、航空母舰、工程机械，乃至地铁、汽车，无不涉及流体力学与液压气动技术。“流体力学及液压气压传动”课程综合流体力学、液压技术及气动技术的最新技术，着重介绍流体力学基础理论、液压及气压传动的基本工作原理和应用，是以所有机械类专业本科学生为对象的主干课程，同时，也是后续相关课程、专业课程和毕业设计必须具备的先修课程。该课程结合上海理工大学作为应用研究型地方大学的办学特点，面向机械类的大三年级学生。本课程的学习将使学生具备下列能力：掌握流体力学基础知识，掌握液压与气动技术的工作原理，能够理解流体传动领域复杂工程问题的原理，并借助文献，研究解决方法。同时，在专业知识传授过程中，结合当下流体力学及液压气动技术等时事热点，提炼爱国情怀、法治意识、社会责任、文化自信、人文精神等思政元素融入专业课程知识教学中，增强课程教学的生动性和感染力，培育学生求真务实、实践创新、精益求精的工匠精神，踏实严谨、追求卓越等优秀品质，引导学生树立建设祖国、为推动我国液压气动技术进步作贡献的理想抱负，实现育人无痕，润物无声。

2. 课程思政设计与方法

立足于课程思政建设的根本要求，坚持育人导向，以专业知识为载体，结合“天眼”“天眼之父”“蛟龙”号、“盾构机”等时事热点及国家决策措施，挖掘其中的思政元素，并将其融入专业知识教学过程，丰富课堂教学内容，拓展专业课程教学的深度和改革广度。充分整合、利用丰富的数字化教学资源，采用以多媒体技术为载体的电子课本、多媒体课件、网络课程及资料库等教学资源，帮助学生直观理解、掌握专业知识内容，创造良好的课程思政教学氛围，激发学生学习积极性，提高授课效率和学生学习效率。结合与专业知识教学相关、蕴含爱国主义教育的视频（“大国重器”“大国工匠”等）进行思政教育，进行知识资源共享，满足学生多样化学习需求，实现全程全方位课程思政教育。

（二）案例教学设计

1. 教学基本信息

本次教学章节为第 3 章 3.1 液压泵和液压马达概述，教学对象为机械设计制造及其自动化专业大三学生，教学时间为 45 分钟。本次课程目标为：掌握液压泵、液压缸、液压马达、液压控制阀等液压元件的结构、工作原理及应用场合；掌握液压技术的工作原理，能够理解液压技术领域复杂工程问题的原理，研究解决方法。

2. 教学过程及思路设计

（1）知识引入

案例 7-1 “天眼”射电望远镜

案例描述 位于贵州省的 500 米口径的球面射电望远镜被誉为“中国天眼”，是世界上目前口径最大、最精密的单天线射电望远镜。作为 FAST 的两大核心设备之一，“天眼”昂首苍穹靠的是 2200 个液压传动杆支撑，液压促动器用于调节反射面面型，以便多方位观测天体，帮助“天眼”敏锐地捕捉来自宇宙深空的信号。

“天眼”的灵敏度超德国波恩 100 米望远镜 10 倍，综合性能与被评为人类 20 世纪十大工程之首的 Arecibo300 望远镜相比，提高了 10 倍。具有我国自主知识产权、世界最大单口径、最灵敏的射电望远镜“天眼”，是我国科学技术和综合国力的综合体现，向世界充分展示了我国科学技术的飞速发展，如附图 7-1 所示。

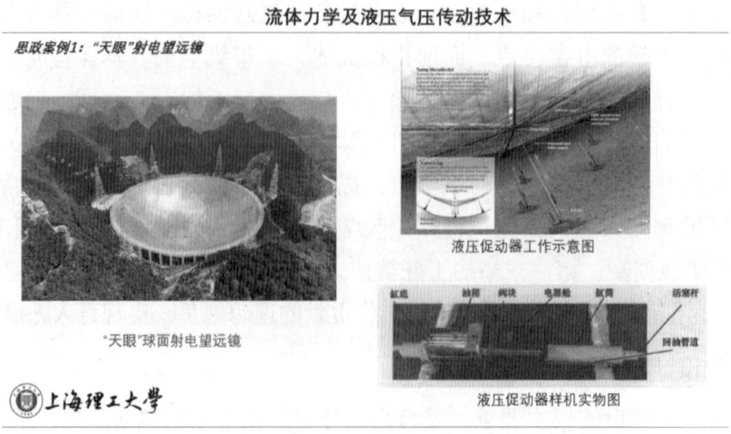

附图 7-1 大国重器——“天眼”球面射电望远镜建设

思政元素 科技强国、爱国主义情怀、民族自豪感。

思政目标 在讲解液压专业知识的同时，结合我国建造世界级射电望远镜 FAST“天眼”的例子，突出液压传动的重要作用和地位，同时展现我国科学技术的快速发展，及在太空探测方面作出的巨大贡献，培养学生科技强国意识，提高学生实践创新精神，引导学生厚植爱国主义情感，增强学生的民族自豪感。

案例 7-2　中国“天眼之父”——南仁东

案例描述 2017 年 9 月 15 日，我国著名天文学家、“天眼之父”南仁东先生（附图 7-2）因病逝世，享年 72 岁。在过去的 23 年里，南仁东从壮年走到暮年，把一个朴素的想法变成了国之重器，成就了中国在世界上独一无二的项目——500 米口径球面射电望远镜 FAST，人们称它为“中国天眼”。24 年前，南仁东拒绝了国外的高薪待遇，毅然决然地回了国。就是因为在国际无线电科学联盟大会上，科学家们提出，在全球电波环境恶化之前，建造新一代射电望远镜，接收更多来自外太空的讯息。他坐不住了，当时就决定回国。

选址、论证、立项、建设，他都亲力亲为。有人和他说，贵州的喀斯特洼地多，可以建出性价比较高的“天眼”台址。1994 ~ 2005 年间，南仁东走遍了贵州大山的每一个沟洼。乱石遍地的喀斯特山里，很少有路，只能从灌木丛中深一脚、浅一脚地慢慢挪。终于，功夫不负有心人，2016 年 9 月 25 日，“天眼”工程正式落成启用。这一天，中国在世界天文史上镌刻下了新高度。时间如白驹过隙。转眼间，25 年过去了，南仁东心无旁骛，殚精竭虑，成就了中国在世界上独一无二的项目，终于圆梦“FAST”。

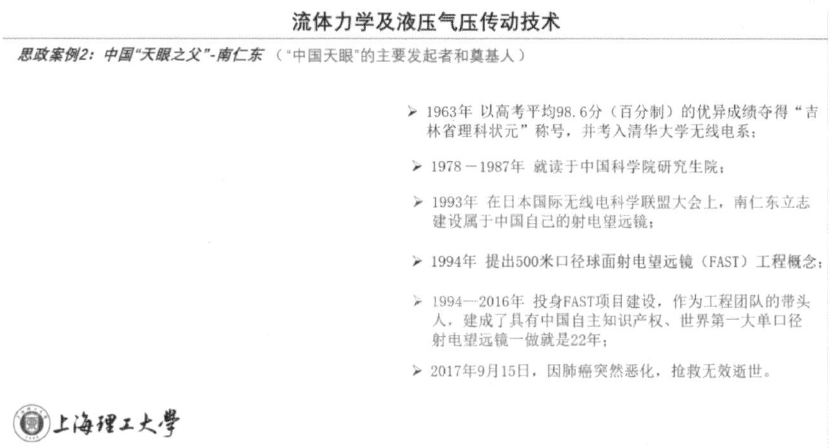

附图 7-2　中国“天眼之父”——南仁东

思政元素 胸怀祖国、敢为人先、攻坚克难、精益求精。

思政目标 结合天眼案例，进一步讲述“天眼”项目发起者与奠基者——南仁东的事迹，为学生树立胸怀祖国、服务人民的爱国情怀，拥有敢为人先、坚定执着的科学精神，淡泊名利、忘我奉献的高尚情操，真诚质朴、精益求精的杰出品格，勇担民族复兴大任，为科学事业奋斗到生命的最后一刻的伟岸科学家形象，以榜样的力量引导学生培养正确的人生观与价值观，树立投身建设祖国的远大抱负，播撒敢为人先、不畏艰难、精益求精的精神之种。

案例 7-3 “蛟龙”入海

案例描述 “蛟龙号”载人潜水器项目于 2002 年立项，2008 年完成设备研制工作，是“十五”863 重大专项“7000 米载人潜水器”的成果，其设计最大下潜深度为 7000 米。在科技部的持续支持下，“蛟龙号”载人潜水器分别于 2009 年 8~10 月、2010 年 6~7 月和 2011 年 7~8 月完成了 1000 米级、3000 米级和 5000 米级海试，一次次刷新了我国载人深潜的新纪录，最大下潜深度达到 5188 米，标志着我国深海载人技术已达到国际先进水平。

“蛟龙号”载人深潜器是我国首台自主设计、自主集成研制的作业型深海载人潜水器，设计最大下潜深度为 7000 米级，也是目前世界上下潜能力最深的作业型载人潜水器，如附图 7-3 所示。深海蕴藏着丰富的资源，载人潜水器是深海开发的重要工具。“蛟龙号”可在占世界海洋面积 99.8% 的广阔海域中使用，对于我国开发利用深海的资源有着重要意义。

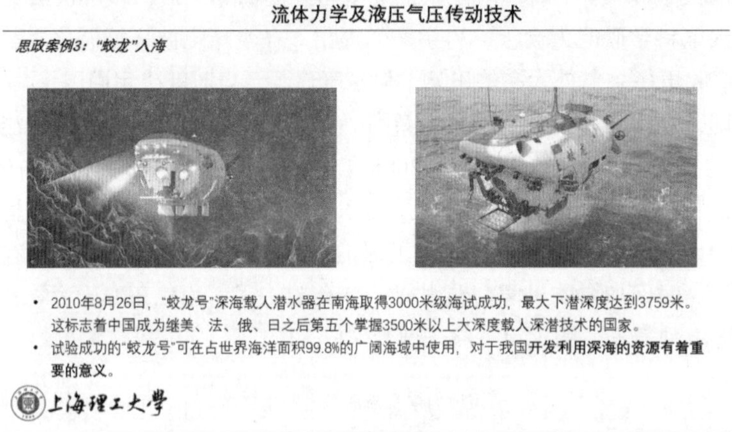

附图 7-3 “蛟龙号”的研制

思政元素 科技强国，团结协作，勇攀高峰。

思政目标 “蛟龙号”成功海试，标志着我国的海底载人科学研究和资源勘探能力达到国际领先水平，推动了我国深海资源开发利用的快速发展。同时，在这个举世瞩目的成绩背后，凝聚了科学家们严谨求实、团结协作、拼搏奉献的精神。结合“蛟龙号”的研制与重要使命的讲解，培养学生科技强国意识，引导学生在学习研究过程中发挥团结协作、共克时艰的奋斗精神，树立追求卓越、勇攀高峰的科学态度。

案例 7-4 盾构机

案例描述 2019 年 8 月 3 日，我国自主研制的最大直径泥水盾构机“春风号”在深圳春风隧道始发，正式投入使用。该设备是我国迄今为止自主设计制造的最大直径泥水平衡盾构机，其设计制造技术达到了世界先进水平，如附图 7-4 所示。

“春风号”总长 135 米，重 4800 多吨，开挖直径 15.80 米，是为春风隧道建设量身定制的“大国重器”，突破了一系列关键技术，填补了我国直径 15 米级别大直径泥水平衡盾构机领域的空白。“春风号”总功率超过 1.15 万千瓦，比“复兴号”高铁的总牵引动力高 10%，推力高达2.46万吨，是我国最大运载火箭“长征五号”的24倍左右。这是截至目前我国自主设计制造的最大，世界第三大直径泥水平衡盾构机。它的成功下线，标志着中国盾构机的设计制造迈向高端化，在地下空间开发工程装备领域进一步推动了中国由制造大国迈向制造强国的前进步伐。

附图7-4 盾构机与液压传动

思政元素 科技强国、创新精神、科技自信。

思政目标 进一步强化学生科技强国意识，讲述我国自主设计制造盾构机且技术达到世界先进水平的故事，凸显创新精神在推动科技发展中的重要作用。同时，聚焦我国自主研制的最大直径泥水盾构“春风号”正式使用的时事热点，增强学生科技自信，激发科学热情，引导学生树立投身科研、为祖国科技进步发展不懈奋斗的精神追求。

案例7-5 美国“挑战者”号航天飞机事故

案例描述 1986年1月28日，在美国佛罗里达州的上空，刚刚升空的“挑战者”号航天飞机，因右侧固体火箭助推器的O形环密封圈失效，在泄漏出的高温火焰的灼烧下，外部燃料舱结构失效，航天飞机被剧烈的空气摩擦一层层撕扯剥落，在发射后的第 73 秒解体，机上的 7 名宇航员在剧烈的爆炸中不幸遇难，如附图 7-5 所示。

密封圈虽小，作用却巨大，无论是对于保障航天飞机正常飞行还是确保日常生活中液压气动元器件的性能发挥都至关重要。液压、气动元器件的内泄漏会导致系统容积效率的急剧下降，以致达不到所需的工作压力，使设备无法正常工作，而液压油的外泄漏也会造成环境污染和资源浪费等一系列问题。密封是解决液压系统泄漏问题的有效手段之一，而密封圈等密封件起到关键的密封作用。

附图 7-5　美国“挑战者”号航天飞机失事

思政元素　细节决定成败，严谨的科学态度。

思政目标　千里之堤，溃于蚁穴，细节之中决定成败，小小密封圈也能起到大作用，警醒学生做事要严谨细致，培养学生严谨的科学态度和精益求精的学习作风。

（2）课程目标

了解掌握液压泵的基本工作原理与组成；了解影响液压泵性能的主要参数，能够根据液压泵的结构参数、工况等条件查找、计算液压泵的性能参数。结合以上课程思政案例，“基因式”融入思政元素，在知识传递的过程中实现价值引领，进行潜移默化的思政教育，提升课堂育人育德成效。

（3）知识讲解

以简单的单柱塞泵为例，讲解其基本结构组成和运动过程，帮助学生建立对液压泵基本结构和工作原理的认知，为随后关于液压泵的相关知识的讲解做铺垫，如附图 7-6 所示。

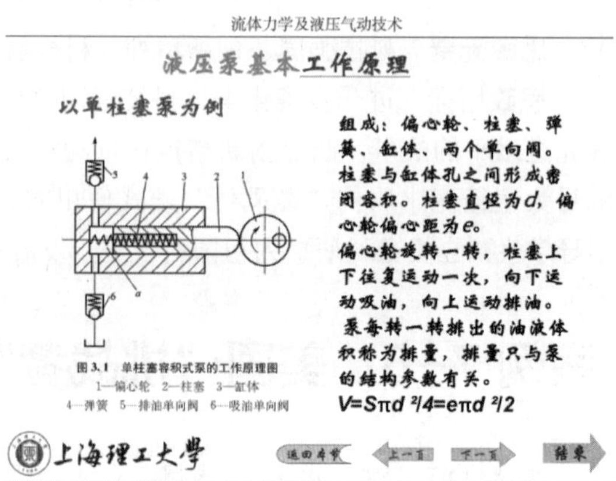

附图 7-6　单柱塞泵的工作原理

细致讲解液压泵主要性能参数的基本概念及计算方法，性能参数包括压力、转速、排量、流量、功率、效率等，如附图 7-7 所示。教师通过对性能参数的讲解，使学生掌握基本的理论知识，同时引导学生结合生活实际，思考性能参数对于液压泵选型与使用的影响，提高学生理论联系实践、自主思考的能力。

区分液压泵及液压马达，并细致讲解液压油泵与液压马达的分类，使学生掌握不同类别

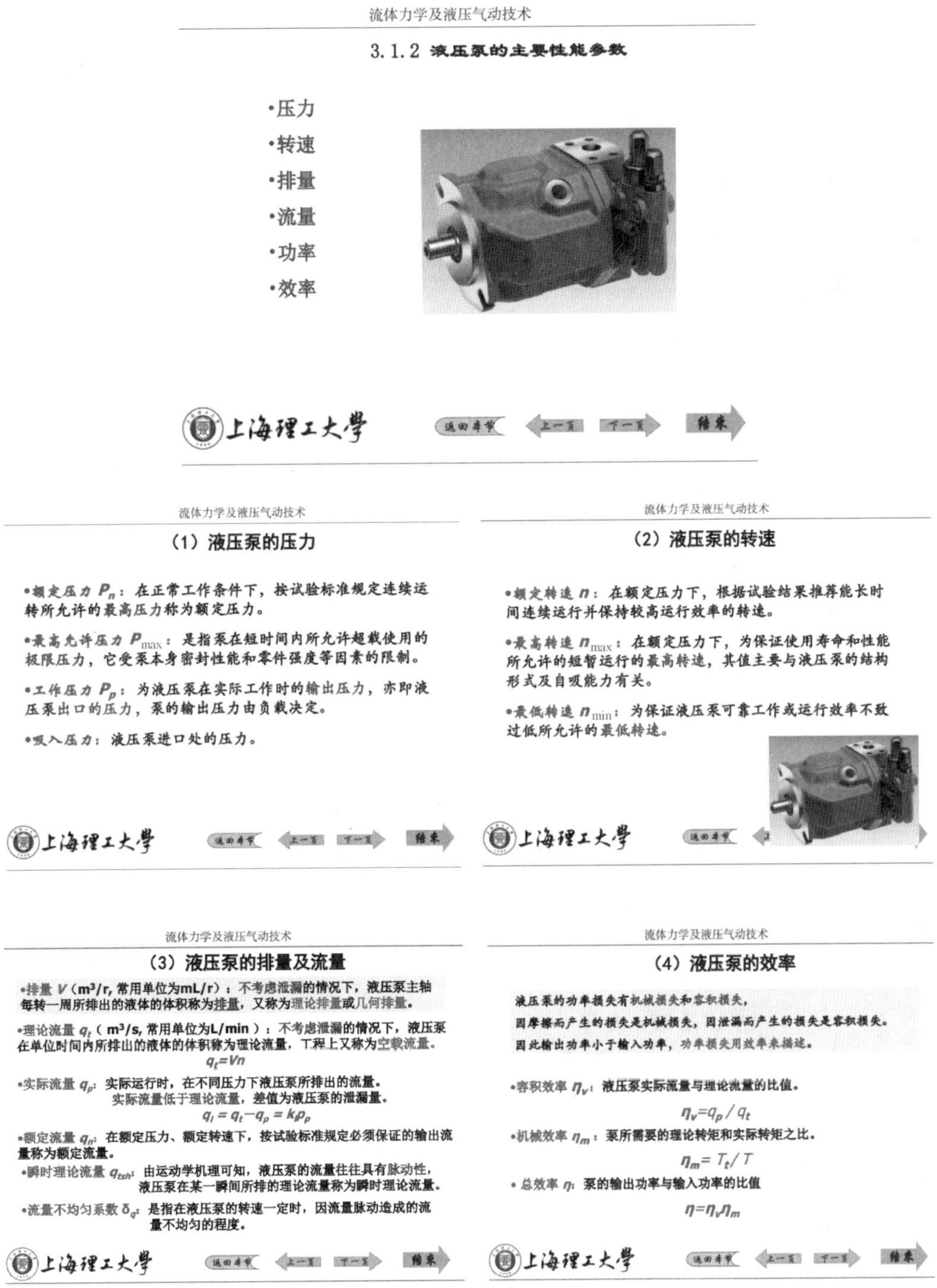

附图 7-7 液压泵主要性能参数的计算

液压泵所对应的图形符号，帮助学生识别液压系统中的元器件，提升学生绘制液压系统组成结构图的基本专业技能和素养，如附图 7-8、附图 7-9 所示。

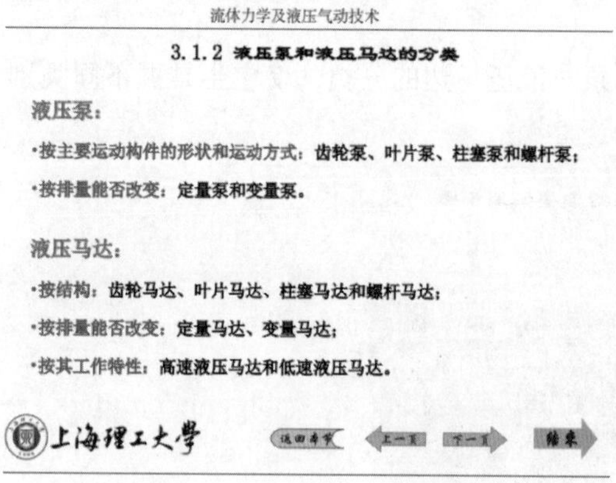

附图 7-8　液压泵和液压马达的分类

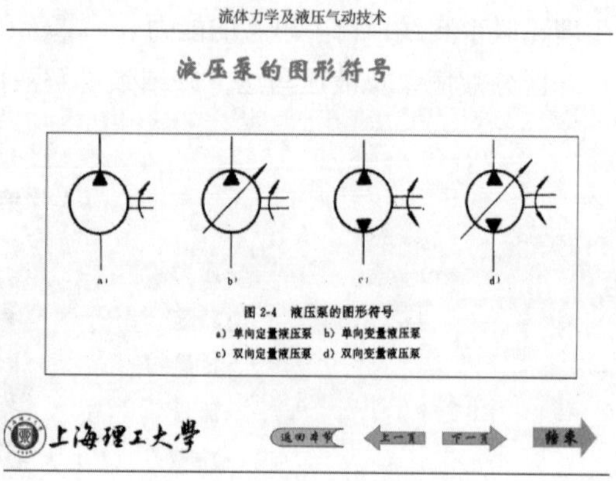

附图 7-9　液压泵的图形符号

(4) 互动讨论与作业

丰富教学手段和方法，综合采用提问、习题（附图 7-10）、小组讨论等多种形式巩固本课所学知识。全班同学就近分成若干组，讨论液压泵在生活中的使用场景，每组选择一个液压泵的使用场景，通过查找资料，分析其相关性能参数及选型要求，汇总组员讨论成果，以演示报告的形式进行展示。

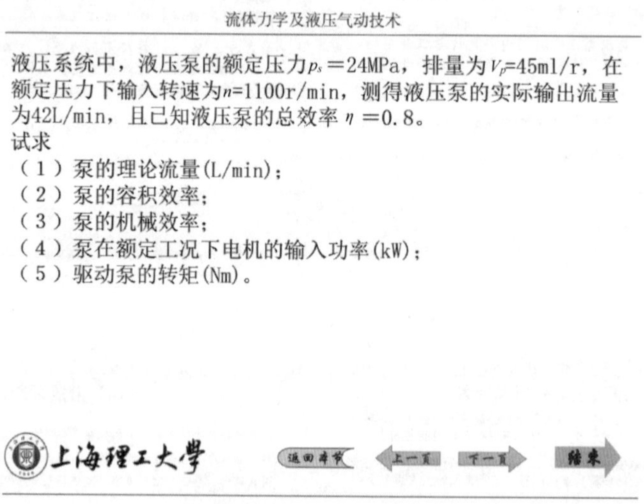

附图 7-10　液压泵相关习题

（三）教材与学习资源

1. 课程教材

[1] 王惠民 . 流体力学基础 [M]. 第 3 版 . 北京：清华大学出版社，2013.

[2] 王守城 . 液压与气压传动 [M]. 北京：北京大学出版社，2008.

2. 教学参考书

[1] 刘延俊 . 液压与气压传动 [M]. 北京：清华大学出版社，2010.

[2] 左健民 . 液压与气压传动 [M]. 第 4 版 . 北京：机械工业出版社，2011.

[3] 韩占忠，王国玉 . 工程流体力学基础 [M]. 北京：北京理工大学出版社，2012.

[4] 王积伟，章宏甲，黄谊 . 液压与气压传动 [M]. 北京：机械工业出版社，2005.

八、热工基础

（一）课程基本信息

1. 教学理念与课程定位

“为什么在密闭的房间中打开冰箱门后房间温度会升高”“在什么样的条件下才能实现空调一夜仅耗一度电”“为什么冬天房间开空调感觉干燥”“为什么在 0℃的水中人会觉得比 0℃的空气寒冷”“为什么冬天 20℃的房间比夏天 20℃的房间觉得寒冷”……

基于以上问题的提出，同学们会发现热现象是人类生活、自然界和科学技术领域最普遍的物理现象，热能是人类利用自然界能源的一种最主要的能量形式。“热工基础”是机械设计制造及其自动化专业重要的专业基础课程，本课程以能量的转换和传递这条主线将工程热力学和传热学两大基本知识有机结合，专门研究热能转换及传递基本规律、如何提高热功转换效率。作为工程类专业学生，通过课程学习应该具备合理用能、节能和环保的意识并可以深入思考其技术的应用与创新，具有科技强国意识。

2. 课程思政设计与方法

党的十九届五中全会《建议》将推动能源清洁低碳安全高效利用作为加快推动绿色低碳发展的重要内容，强调深入实施可持续发展战略，促进经济社会发展全面绿色转型，建设人与自然和谐共生的现代化。这为我们推进生态文明建设注入了强大动力、提供了行动指南。紧扣节能减排和科技强国的指导思想，适当结合社会热点新闻和国家重要会议和指导文件，基于产出导向的理念（OBE 理念），在课堂环节中充分利用线上与线下融合的教学方式，以社会新闻解读、国家航天解密、指导精神进课堂等主题创建线上课程和微课小视频，增加学生对课程的参与度，丰富课堂教学环节和授课方式，调动学生参与课堂的积极性。以灵活、轻松、互动的方式，实现德育与知识的有机结合，推进课堂德育的展开，提升课程内容的授课水平，增强学生节能减排和创新的意识；培养和增强学生的爱国情怀和民族使命感，达到润物细无声的理想效果。

（二）案例教学设计

1. 教学基本信息

本次教学章节为第 2 章 2.4 节水蒸气，教学对象为机械设计制造及其自动化专业 2018 级（大三）学生，教学时间为 45 分钟。本次课程目标为：掌握理想气体、水蒸气等常见工质及传热介质的特性；并能够对机械工程领域相关的热工学现象进行研究和实验验证。

2. 教学过程及思路设计

（1）知识引入

案例 8-1 “向天空借水的神器”

案例描述 水是生命之源，每个人都离不开水。但据统计，全球每 90 秒就有一名儿童死于缺水，超过 22 亿人口无法保证安全的饮水环境。为了让干旱地区的人能喝上安全的水，来自加州伯克利分校的团队，研发了一款“向天空借水的神器”，如附图 8-1 所示，其独特的冷却系统，可以使它 24 小时不间断工作，利用温差就可以使空气中的水蒸气凝结，得到干净安全的饮用水。

附图 8-1 全球缺水现状及“向天空借水的神器”

思政目标 以实际案例展现目前全球水资源短缺状况，及科研团队利用水蒸气解决干旱地区缺水问题，挖掘出“保护资源、勇于创新”的价值观。

案例 8-2 水蒸气的应用及蒸汽航母

案例描述 水蒸气具有良好的热力性质，来源丰富，易于获得，且无毒无味、无污染，应用极为广泛，从第一次工业革命到我国的蒸汽航母，都是水蒸气应用价值的体现。我国的 001 辽宁舰、002 山东舰和刚刚曝光的 003 电磁弹射航母，采用的都是蒸汽轮机常规动力，即通过重油锅炉烧开水，产生高温高压的蒸汽，带动蒸汽轮机驱动螺旋桨。中国航母核动力正在稳步推进，值得自豪！水蒸气的应用及蒸汽航母如附图 8-2 所示。

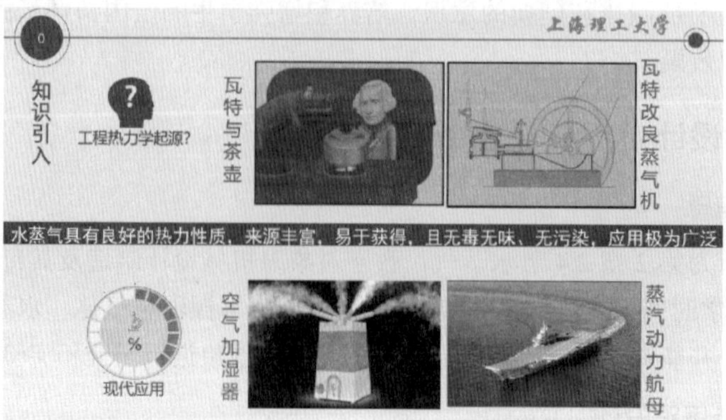

附图 8-2 水蒸气的应用及蒸汽航母

思政目标 在课程设计中结合蒸汽动力航母等大国重器设计与制造技术关键问题，展现我国国防事业的发展及国家的和平稳定发展，体现“大国重器”价值观，让学生明白科技强国的重要性。

案例 8-3　从 Steam-punk 到航天器

案例描述 爱因斯坦曾经说过，想象力比知识更重要。以动画片《天空之城》为代表的 Steam-punk（蒸汽朋克）就是建立在工业科学革命的基础上，展现在现实中不存在的空间，如通过新能源、新机械、新材料、新交通工具等方式，展现一个平行于 19 世纪西方世界的架空世界观。由动漫里的 Steam-punk 文化，追溯到 1902 年，航天器电推进概念正式被提出。回到现代，2019 年私人航天公司和中佛罗里达大学（UCF）合作，预计利用蒸汽作为动力，将人类飞船从一颗小行星推到另一颗小行星，如附图 8-3 所示。

附图 8-3　Steam-punk 到航天器

思政目标 进一步体现水蒸气的重要作用，科学幻想是科技进步的助推器，鼓励学生善于思考、勇于创新。进一步深化引导，建设世界科技强国，需要我们瞄准世界科技前沿，激发创新活力。

（2）课程目标

基于以上多角度多案例展现水蒸气应用与创新解决问题的启发，让学生们认识到水蒸气的作用，引导学生们学习本节课重点知识——工业用水蒸气产生过程中的动力。基于成果导向的 OBE 理念，明确本次教学的目标与成果期望，如附图 8-4 所示。

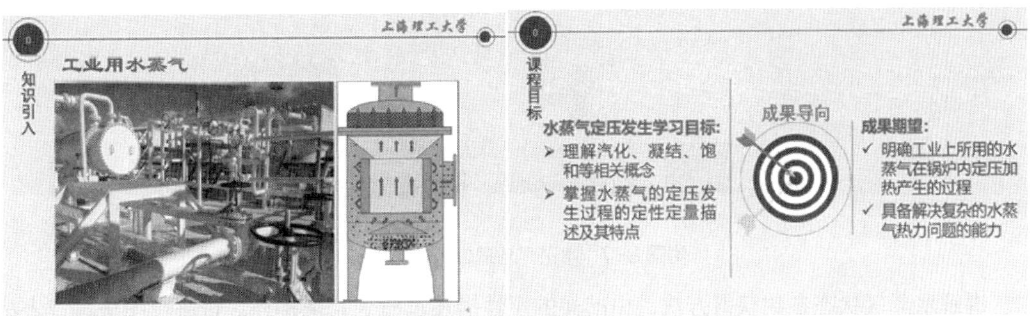

附图 8-4　课程目标及成果期望

(3) 知识讲解

结合日常现象，讲解水蒸气相关的基本概念（附图 8-5）及汽化与凝结的发生条件。

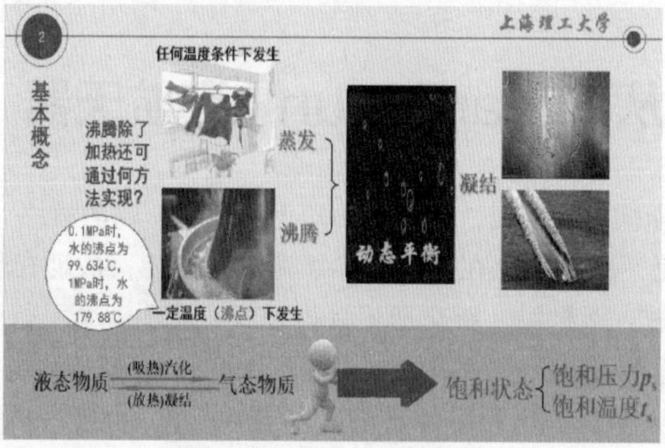

附图 8-5　水蒸气的基本概念

结合动画，生动描述水蒸气定压产生过程（附图 8-6），明确工业上所用的水蒸气在锅炉内定压加热产生的过程（成果期望一）；采用对应色彩法，清晰展现水蒸气定压发生过程在 *P-v* 图上的表示，进一步理解产生过程。

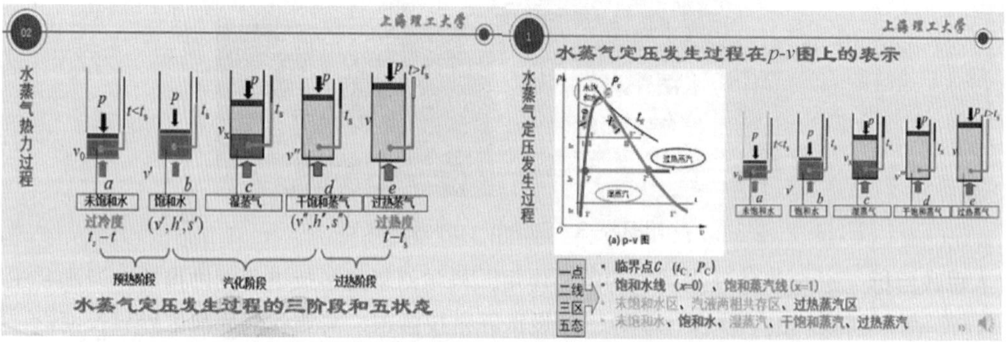

附图 8-6　水蒸气定压发生过程

以提问的方式，让学生思考并明确水蒸气与理想气体的差别，避免混用状态方程，如附图 8-7 所示。

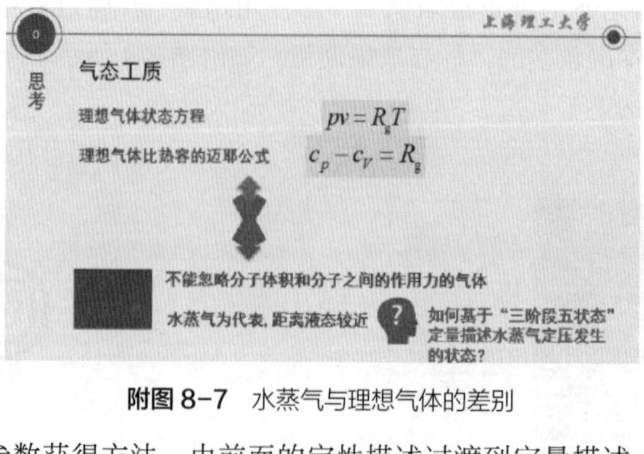

附图 8-7　水蒸气与理想气体的差别

讲解水蒸气状态参数获得方法，由前面的定性描述过渡到定量描述。讲解查图法、查表法的使用，结合例题（附图 8-8），让学生具备解决复杂的水蒸气热力问题的能力（成果期望二）。

附图 8-8　查图法、查表法及例题

（4）学习小结

以学习思路为主线，基于知识的学习，再次以“向天空借水的神器”为例，回顾总结学习内容与逻辑，整个过程包括：观察现象—概念规律—过程分析—工程应用—开拓创新，如附图 8-9 所示，再次鼓励学生掌握知识、勇于开拓创新，深刻体会到大国重器和自主创新技术是科技强国的重要途径。

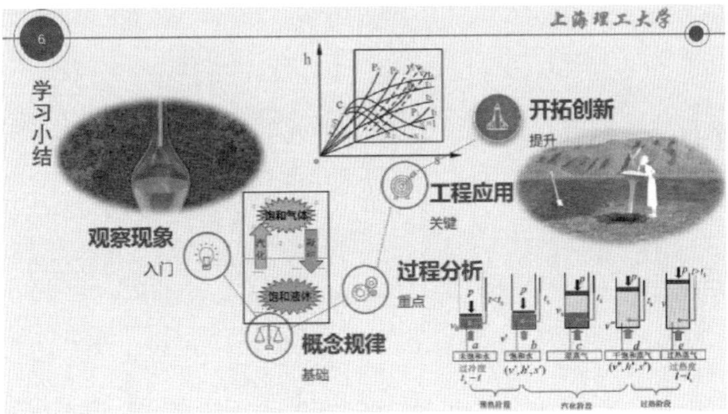

附图 8-9　学习小结

（5）线上互动讨论与作业

设置线上思考与探索的互动环节，布置作业，如附图 8-10 所示。设置讨论与思考，让学生们意识到全球淡水资源状况不容乐观，水资源短缺，水质恶化，人类面临严峻的挑战，提高学生节水意识，鼓励学生利用所学知识积极创新，解决目前亟须攻克的资源、能源问题。

附图 8-10 线上讨论及作业

附录 2

典型课程教学大纲（含教学思政）

- 理论力学 B
- 材料力学 B
- 机械原理 C
- 机械测试与控制基础
- 机械制造技术课程设计
- 毕业设计

上海理工大學

UNIVERSITY OF SHANGHAI FOR SCIENCE AND TECHNOLOGY

本科课程教学大纲

理论力学 B

（适用于通识教育课程、学科基础课程）

制定日期：2022 年 6 月 10 日

一、课程基本信息

课程名称	理论力学 B					
	Theoretical Mechanics B					
课程代码	14001021		开课单位	机械工程学院		
课程负责人	翁国华		课程类别	理论类		
课程性质	学科基础课程		学分	4	学时	64
学时分配	理论	64	实验	0	上机	0
学习负荷	课内学时 64+ 课外学时 64					
教学团队	翁国华、余慧杰、王神龙、胡育佳、焦古月等					
授课语言	中文					
适用专业	机械工程类、材料工程类、能源动力工程类、土木工程类					
前修课程	高等数学，大学物理，工程制图基础 B，机械工程制图 A 等					
后续支撑	材料力学、机械原理等					
课程思政设计	首先要发挥教师的示范作用，言传身教，从日常教学中的言行举止、治学态度上正面引导和影响学生。其次，教师在课堂教学中要向学生传递“爱国、敬业、诚信、友善”的理念，可以结合课程内容，介绍一些工程实际中目前处于世界领先的技术以及相关行业的前辈楷模的事例，树立学生正确的世界观、人生观和价值观，培养学生的民族自豪感和爱国主义理想，坚定学生学好专业知识、报效祖国的信念					
课程简介						

课程定位：本课程属于专业基础课，主要培养学生对专业相关问题的分析和计算能力

课程内容：本课程包括静力学、运动学、动力学三部分，课程主要分析对象是抽象为质点、刚体和刚体系统的工程物体、工程结构以及工程机构，侧重于介绍质点、质点系和刚体的机械运动（包括平衡）的基本规律和研究方法

核心学习成效：本课程的学习培养学生对工程对象的受力和运动规律的分析能力，为后续课程提供必要的力学分析和计算方法

教学方法：在传统课堂教学的同时，结合课程内容，适当穿插线上具体工程案例

二、课程培养学生的能力

序号	项目	是否支持
1	工程知识	√
2	问题分析	√
3	设计 / 开发解决方案	
4	研究	√
5	使用现代工具	
6	工程与社会	
7	环境和可持续发展	
8	职业规范	
9	个人和团队	
10	沟通	
11	项目管理	
12	终身学习	

注：若支持该项目能力的培养，请在“是否支持”栏目打“√”。

三、课程目标

目标	课程目标内容	对毕业要求指标点的支撑	支撑的毕业要求
1	理解静力学的基本公理，掌握物体的受力分析方法并能够对系统进行受力分析，建立平衡方程求解系统的未知力；能够求解质点或刚体运动的运动学问题；能够用合成方法求解质点运动的速度和加速度；能求解刚体系的运动学问题；能用基点法、速度瞬心法和速度投影法求点的速度，用基点法求加速度	支撑毕业要求1.2：能针对一个机械领域复杂工程问题建立合适的数学模型并对其求解	工程知识（占该指标点达成度的30%）
2	掌握动量定理、动量矩定理、动能定理和达朗贝尔原理，并能够以此对质点和质点系的动力学建模并求解	支撑毕业要求2.2：能够基于机械工程科学原理与数学模型方法，分析机械领域复杂工程问题的关键环节和主要参数，正确表达机械设计、制造及控制过程中的关键问题	问题分析（占该指标点达成度的20%）
3	能够建立基本的力学概念，并能够解决有关的工程实际问题；培养学生的科学思维、综合计算分析和创新能力	支撑毕业要求4.1：能够基于科学原理并采用科学方法，调研和分析机械领域复杂工程问题的解决方案	研究（占该指标点达成度的20%）

四、教学内容

教学模块	教学内容	学生学习预期成果	教学方式	支撑的课程目标
一、静力学	1. 教学内容： 刚体和力；约束和约束反力；静力学公理；受力分析和受力图；力的投影和合力投影定理；平面汇交力系合成和平衡的几何法和解析法；力矩和合力矩定理；力偶和平面力偶系的合成和平衡条件；力线平移定理和平面任意力系的简化及平衡方程；平面平行力系的平衡方程；物体系统的平衡问题；刚架及桁架；静定和静不定问题；滑动摩擦及其平衡问题；摩擦自锁；滚动摩擦概念；力对轴之矩；空间力系的平衡方程；平行力系的中心和物体的重心 2. 教学重点： ① 受力分析 ② 力系的简化 ③ 力系的平衡及其应用 ④ 工程中的摩擦问题 3. 教学难点： ① 受力分析和受力图 ② 刚体和刚体系统平衡问题的求解 4. 课程思政： ① 我国力学领域的科学先驱们为我国的导弹、航天事业作出的贡献 ② 静力学分析在工程设计和日常生活中的重要意义	1. 理解静力学的基本公理，掌握物体的受力分析方法 2. 能够对系统进行受力分析，并建立平衡方程求解系统的未知力 3. 能够建立基本的力学概念，并能够解决有关的工程实际问题 4. 培养学生的科学思维、综合计算分析和创新能力	1. 教师 线上：案例视频 线下：课堂理论和案例教学 2. 思政教学 线上：自行学习，通过网络学习力学领域科学家在导弹航天工程中作出重大贡献的事例，树立学生学好基础理论知识、培养科学研究能力、报效祖国的信念 线下：静力分析和摩擦的工程实例 3. 学生 线上：网上学习和收集资料 线下：寻找生活中和周边的典型结构、机构以及摩擦自锁现象和应用	目标1、3

教学模块	教学内容	学生学习预期成果	教学方式	支撑的课程目标
二、运动学	1. 教学内容： 质点运动的基本方程、速度和加速度的表示方法（矢径法、自然法和直角坐标法）；平动刚体内点的运动轨迹、速度和加速度；定轴转动刚体的转动方程、角速度和角加速度；定轴转动刚体内点的速度和加速度；角速度矢量和角加速度矢量；运动的分解和合成；动参考系和静参考系；相对运动、绝对运动和牵连运动；相对速度和相对加速度；绝对速度和绝对加速度；牵连速度和牵连加速度；速度合成定理；牵连运动为平动时的加速度合成定理；牵连运动为转动时的加速度合成定理；平面运动的分解；平面运动刚体内点的速度（基点法、速度投影法和瞬心法）；平面运动刚体内点的加速度（基点法） 2. 教学重点： ① 刚体的基本运动 ② 刚体的平面运动 ③ 点的合成运动 3. 教学难点： ① 点的合成运动的速度和加速度分析 ② 刚体平面运动的速度和加速度分析	1. 能够用合成方法求解质点运动的速度和加速度；能求解刚体系的运动学问题，能用基点法、速度瞬心法和速度投影法求点的速度，用基点法求加速度 2. 能够求解质点或刚体运动的运动学问题（包括速度和加速度问题） 3. 能够建立基本的力学概念，并能够解决有关的工程实际问题 4. 培养学生的科学思维能力、综合计算分析能力和创新能力	1. 教师 线上：案例视频 线下：课堂理论和案例教学 2. 思政教学 线上：自行学习，通过网络学习力学领域科学家在导弹航天工程中作出重大贡献的事例，树立学生学好基础理论知识、培养科学研究能力、报效祖国的信念 线下：运动机构的工程实例 3. 学生 线上：网上学习和收集资料 线下：寻找和观察工程和生活中的典型机构及其运动规律	目标 1、3
三、动力学	1. 教学内容： 动力学的基本定律；质点运动微分方程（矢量形式、直角坐标形式和自然坐标形式）；动力学的二类问题；质点和质点系的动量及力的冲量；动量定理和动量守恒；质心运动定理和质心守恒；质点和质点系的动量矩；动量矩定理和动量矩守恒；定轴转动微分方程；转动惯量、回转半径和平行轴定理；刚体平面运动微分方程；力和力偶的功；质点和质点系的动能；动能定理；势力场和势能；机械能守恒定律；质点和质点系的惯性力；达朗贝尔原理；静平衡和动平衡的概念。了解虚位移和理想约束的概念，能用虚位移原理求约束反力 2. 教学重点： ① 动量定理、动量矩定理和动能定理的工程应用 ② 动静法的应用 ③ 虚位移原理和分析力学简介 3. 教学难点： ① 动力学普遍定理的综合应用 ② 刚体惯性力系的简化	1. 掌握动量定理、动量矩定理、动能定理和达朗贝尔原理；了解虚位移原理 2. 能够建立刚体系统受力与运动之间的关系并求解 3. 能够建立基本的力学概念，并能够解决有关的工程实际问题 4. 培养学生的科学思维能力、综合计算分析能力和创新能力	1. 教师 线上：案例视频 线下：课堂理论和案例教学 2. 思政教学 线上：自行学习，通过网络学习力学领域科学家在导弹航天工程中作出重大贡献的事例，树立学生学好基础理论知识、培养科学研究能力、报效祖国的信念 线下：工程实例的动力学分析 3. 学生 线上：网上学习和收集资料 线下：寻找和观察工程和生活中的典型机构的运动和受力的关系	目标 2、3

五、教材与学习资源

课程教材	郝桐生 . 理论力学 [M]. 第 4 版 . 北京：高等教育出版社，2017.
参考书目	[1] 哈尔滨工业大学理论力学教研室 . 理论力学 [M]. 第 7 版 . 北京：高等教育出版社，2009. [2] 同济大学航空航天与力学学院基础力学教学研究部 . 理论力学 [M]. 第 2 版 . 上海：同济大学出版社，2012. [3] 景荣春 . 理论力学辅导与题解 [M]. 北京：清华大学出版社，2010. [4] JENNESS COE C. Theoretical Mechanics: a vectorial treatment[M]. New York : The Macmillan company，2008.
教学条件	多媒体教学

六、教学进程安排

序号	教学内容	课内学时	课外学时	课外学习内容
1	绪论　第一章 静力学的基本公理与物体的受力分析 初步了解理论力学的主要研究内容及方法，静力学的基本概念与公理	4/ 理论	4	课外自学
2	第一章 静力学的基本公理与物体的受力分析 第二章 平面汇交力系 约束和约束反力、受力图，平面汇交力系解析法和几何法	4/ 理论	4	1. 物体的受力分析 2. 解析法和几何法求解汇交力系平衡
3	第三章 力矩和平面力偶理论 第四章 平面任意力系 平面力偶系、平面任意力系、平行力系的合成和平衡，物系平衡	4/ 理论	4	1. 平面力偶系的平衡问题求解 2. 平面力系的平衡问题求解
4	第四章 平面任意力系 结构和机构、刚架和桁架的静力分析、物系平衡	4/ 理论	4	1. 称重问题求解 2. 物体的平衡问题求解
5	第五章 摩擦 滑动摩擦和滚动摩擦、摩擦角和自锁	4/ 理论	4	具有滑动、滚动摩擦问题物体的平衡问题求解
6	第六章 空间力系和重心 静力学复习 空间力系的合成和平衡、物体的重心	4/ 理论	4	1. 空间任意力系的平衡求解 2. 组合法、实验法求平面图形中心和物体的重心
7	第七章 点的运动学 第八章 刚体的基本运动 点的运动学、刚体的基本运动	4/ 理论	4	平动、定轴转动刚体的速度、加速度求解
8	第九章 点的合成运动 点的合成运动的速度合成定理、牵连运动为平动的加速度合成定理	4/ 理论	4	合成运动的速度求解、牵连运动为平动时的加速度求解
9	第九章 点的合成运动 第十章 刚体的平面运动 牵连运动为转动的加速度合成定理、刚体平面运动速度分析的基点法	4/ 理论	4	1. 牵连运动为转动时的加速度求解 2. 刚体平面运动速度求解

续表

序号	教学内容	课内学时	课外学时	课外学习内容
10	第十章 刚体的平面运动 刚体平面运动速度分析的投影法和速度瞬心法、刚体平面运动的加速度分析	4/ 理论	4	1. 平面运动刚体的速度求解 2. 平面运动刚体的加速度求解
11	运动学复习 第十一章 动力学基本定律	4/ 理论	4	运动学综合练习
12	第十二章 动量定理 第十三章 动量矩定理 质心运动定理和质心运动守恒、质点系动量矩定理	4/ 理论	4	1. 质心运动定理和质心运动守恒的求解 2. 质点系动量矩定理的应用
13	第十三章 动量矩定理 第十四章 动能定理 刚体定轴转动微分方程和刚体平面运动微分方程、动能定理	4/ 理论	4	1. 刚体定轴转动微分方程的应用 2. 刚体平面运动微分方程的应用 3. 动能定理的应用
14	第十四章 动能定理 第十五章 达朗贝尔原理 动能定理、达朗贝尔原理	4/ 理论	4	1. 刚体的动能定理、普遍定理的综合应用 2. 质点系和惯性力系的简化
15	第十五章 达朗贝尔原理 第十六章 虚位移原理 达朗贝尔原理、虚位移原理	4/ 理论	4	1. 动静法的应用 2. 用虚位移原理求机构的传动力和结构的约束反力
16	第十六章 虚位移原理 期末复习	4/ 理论	4	课外自习

注：教学进程可按教学周数制定，教师可根据实际教学要求添加或删除表格行数。

七、课程考核

课程目标	考核要点	考核与评价方式及成绩比例 /%						成绩比例 /%
		过程考核					期末考试	
		随堂测验	课堂表现	作业	期中测验	课程报告		
1	理解静力学的基本公理，掌握物体的受力分析方法并能够对系统进行受力分析，建立平衡方程求解系统的未知力；能够求解质点或刚体运动的运动学问题；能够用合成方法求解质点运动的速度和加速度；能求解刚体系的运动学问题；能用基点法、速度瞬心法和速度投影法求点的速度，用基点法求加速度	3	3	3	3	10	25	47
2	掌握动量定理、动量矩定理、动能定理和达朗贝尔原理，并能够以此对质点和质点系的动力学建模并求解	4	4	4	4	—	17	33
3	建立基本的力学概念，并能够解决有关的工程实际问题；培养学生的科学思维、综合计算分析和创新能力	3	3	3	3	—	8	20
合计		10	10	10	10	10	50	100

续表

期末考试资格
完成选课并持续听课完成作业（除无故缺课 3 次以上或作业未完成三分之一以上）者
期末考试形式
■闭卷笔试 □开卷 / 半开卷 □小论文 □报告 □口试 □作品 □口笔试兼用 □上机 □技能操作 □其他（请注明）

附件：考核评分标准表

大纲制定：余慧杰
大纲审核：胡育佳
制定单位：机械工程学院
制定日期: 2022 年 6 月 10 日

附件：考核评分标准表

理论力学评分标准

课程目标	评分标准 / 分				权重 /%
	90~100	80~89	60~79	0~59	
1. 理解静力学的基本公理，掌握物体的受力分析方法并能够对系统进行受力分析，建立平衡方程求解系统的未知力；能够求解质点或刚体运动的运动学问题；能够用合成方法求解质点运动的速度和加速度；能求解刚体系的运动学问题；能用基点法、速度瞬心法和速度投影法求点的速度，用基点法求加速度	熟练掌握物体和物体系统的受力分析、画受力图以及平衡问题的求解；熟练掌握点的合成运动的速度、加速度求解；熟练掌握用基点法、速度瞬心法和速度投影法求平面运动刚体的速度、用基点法求平面运动刚体的加速度	掌握物体和物体系统的受力分析、画受力图以及平衡问题的求解；掌握点的合成运动的速度加速度求解；掌握用基点法、速度瞬心法和速度投影法求平面运动刚体的速度、用基点法求平面运动刚体的加速度	基本了解或掌握物体和物体系统的受力分析、画受力图以及平衡问题的求解；基本了解或掌握点的合成运动的速度、加速度求解；基本了解或掌握用基点法、速度瞬心法和速度投影法求平面运动刚体的速度、用基点法求平面运动刚体的加速度	尚未掌握物体和物体系统的受力分析、画受力图以及平衡问题的求解；尚未掌握点的合成运动的速度、加速度求解；尚未掌握用基点法、速度瞬心法和速度投影法求平面运动刚体的速度、用基点法求平面运动刚体的加速度	47
2. 掌握动量定理、动量矩定理、动能定理和达朗贝尔原理，并能够以此对质点和质点系的动力学建模并求解	熟练掌握动量定理、动量矩定理、动能定理和达朗贝尔原理，并能够以此对质点和质点系的动力学建模并求解	掌握动量定理、动量矩定理、动能定理和达朗贝尔原理，并能够以此对质点和质点系的动力学建模并求解	基本了解或掌握动量定理、动量矩定理、动能定理和达朗贝尔原理，尚能够以此对质点和质点系的动力学作部分建模并求解	尚未掌握动量定理、动量矩定理、动能定理和达朗贝尔原理，不能够以此对质点和质点系的动力学建模并求解	33
3. 建立基本的力学概念，并能够解决有关的工程实际问题；培养学生的科学思维、综合计算分析和创新能力	能够建立基本的力学概念，并能够解决有关的工程实际问题；具有科学思维、综合计算分析和创新能力	能够建立基本的力学概念，并能够初步解决有关的工程实际问题；尚具有科学思维、综合计算分析和创新能力	能够初步建立基本的力学概念，尚能够解决某些工程实际问题；略具科学思维、综合计算分析和创新能力	未能建立基本的力学概念，不能解决有关的工程实际问题；尚未具有综合计算分析和创新能力	20

注：评分标准的分数段划分可以根据课程需要自行设计。

上海理工大學

UNIVERSITY OF SHANGHAI FOR SCIENCE AND TECHNOLOGY

本科课程教学大纲

材料力学 B

（适用于通识教育课程、学科基础课程）

制定日期：2022 年 6 月 10 日

一、课程基本信息

<table>
<tr><td rowspan="2">课程名称</td><td colspan="6">材料力学 B</td></tr>
<tr><td colspan="6">Mechanics of Materials B</td></tr>
<tr><td>课程代码</td><td colspan="2">14000101</td><td>开课单位</td><td colspan="3">机械工程学院</td></tr>
<tr><td>课程负责人</td><td colspan="2">胡育佳</td><td>课程类别</td><td colspan="3">理论类</td></tr>
<tr><td>课程性质</td><td colspan="2">学科基础课程</td><td>学分</td><td>4</td><td>学时</td><td>64</td></tr>
<tr><td>学时分配</td><td>理论</td><td>64</td><td>实验</td><td>0</td><td>上机</td><td>0</td></tr>
<tr><td>学习负荷</td><td colspan="6">课内学时 64+ 课外学时 64</td></tr>
<tr><td>教学团队</td><td colspan="6">翁国华、焦古月、胡育佳、余慧杰等</td></tr>
<tr><td>授课语言</td><td colspan="6">中文</td></tr>
<tr><td>适用专业</td><td colspan="6">机械、土木等</td></tr>
<tr><td>前修课程</td><td colspan="6">理论力学</td></tr>
<tr><td>后续支撑</td><td colspan="6">有限元法</td></tr>
<tr><td>课程思政设计</td><td colspan="6">本课程的目的主要是培养社会需要的工程技术人员。一名工程技术人员应当具有良好的职业道德和敬业精神，热爱本职工作，履行岗位职责。这些基本素质的培养，是大学专业教学的根本任务，在专业教学体系中应有所体现，并且要更有针对性。中国工业目前正处在转型升级阶段，亟须有知识、有道德、有担当的工程技术人才，因此本课程在课程教学上，针对课程特点，把握当代年轻人思想脉搏，注重在教学中融合思政教育，帮助学生树立正确的人生观、世界观</td></tr>
<tr><td colspan="7">课程简介</td></tr>
<tr><td colspan="7">课程定位：
材料力学是一门专业基础课，与理论力学一起共同构成了其他各门力学课程的基础，同时在许多工程技术领域中有着广泛的应用
课程内容：
本课程的学习，可以使学生掌握构件的强度、刚度和稳定性问题的相关概念、理论及相关分析计算方法，具备熟练地对构件进行校核、设计的分析计算能力，从而进一步帮助学生提高与工程相关的分析问题及解决问题的能力。本学科的学习，也有助于学生提高逻辑思维能力，包括推理、分析、判断等能力；抽象化能力，包括将简单问题抽象成为力学模型，进行适当的数学描述、应用力学理论求解；自学能力、表达能力（文字和图像）、数字计算能力等
核心学习成效：
通过课程学习，培养学生对工程对象的强度、刚度和稳定性的分析能力，为后续课程提供必要的力学分析方法和计算方法
教学方法：
在传统课堂教学的同时，结合课程内容适当穿插线上具体工程案例</td></tr>
</table>

二、课程培养学生的能力

序号	项目	是否支持
1	工程知识	√
2	问题分析	√
3	设计 / 开发解决方案	√
4	研究	√
5	使用现代工具	
6	工程与社会	√

续表

序号	项目	是否支持
7	环境和可持续发展	
8	职业规范	
9	个人和团队	
10	沟通	
11	项目管理	
12	终身学习	√

注：若支持该项目能力的培养，请在“是否支持”栏目打“√”。

三、课程目标

目标	课程目标	对能力培养的支撑
1	掌握材料拉伸、压缩、剪切、扭转、弯曲变形、组合变形等基本知识和基本概念，掌握构件的强度、刚度和稳定性问题的相关概念、理论及分析方法和计算方法，并能以此识别机械设计、制造及控制过程中遇到的关键力学问题。（支撑毕业要求 2.1：能够应用数学、自然科学和机械科学原理识别和判断机械设计、制造及控制过程中的关键问题。）	1. 学科知识 2. 问题分析能力 3. 解决问题的能力 4. 研究能力 6. 社会责任意识 12. 终身学习能力
2	具备熟练地对构件进行校核、设计的分析和计算能力；掌握能量法，并能对机械领域相关问题的解决方案进行设计计算和分析；掌握应用截面法求各类变形的内力的方法，能熟练画出各类基本变形的内力图、应力分布状况。（支撑毕业要求 3.4：综合考虑社会、环境、健康、安全和文化等制约因素，评价与论证解决方案的可行性。）	1. 学科知识 2. 问题分析能力 3. 解决问题的能力 4. 研究能力
3	掌握应力状态理论，并能以此分析和研究材料在各类变形过程中的性质。（支撑毕业要求 4.1：能够对机械工程相关的物理现象、材料特性进行研究和实验验证。）	1. 学科知识 2. 问题分析能力 3. 解决问题的能力 4. 研究能力

四、教学内容

教学模块	教学内容	学生学习预期成果	教学方式	支撑的课程目标
1. 材料力学绪论	1. 教学内容： 了解本课程的性质、任务、与其他学科的关系及学习方法 2. 教学重点： ① 强度 ② 刚度 ③ 稳定性 3. 教学难点： ① 材料力学的任务 ② 材料力学与其他学科的关系	1. 总结材料力学基本任务 2. 了解力学简史 3. 评价强度、刚度、稳定性对人民生命安全和工业发展的重要性	1. 教师 线上：发布本模块相关资料 线下：PPT 与板书相结合，课堂探讨互动并采用案例教学 2. 思政教学 线上：学生自行查阅嫦娥四号相关资料 线下：向同学们讲授学好本课程对国家发展和人民生命安全的意义	课程目标 1

续表

教学模块	教学内容	学生学习预期成果	教学方式	支撑的课程目标
1. 材料力学绪论	4. 课程思政： ① 杆件在我国航空技术中的新应用 ② 杆件在我国建筑中的新应用		3. 学生 线上：观看本模块相关资料 线下：调研更多本模块相关内容，认真完成作业题	课程目标 1
2. 拉伸、压缩与剪切	1. 教学内容： ① 轴向拉压的概念，轴力，轴力图，应力 ② 材料拉压时的力学性能，强度条件及其应用 ③ 杆件拉压时的变形计算，超静定问题的求解 ④ 剪切与挤压的强度计算 2. 教学重点： ① 轴力图 ② 强度条件及应用 ③ 剪切与挤压的强度计算 3. 教学难点： ① 材料的力学性能 ② 超静定问题求解 4. 课程思政： ① 富强、爱国、敬业——我国钢铁炼制的发展历史 ② 文明、和谐——斜拉桥的发展、建设成就	1. 学会画轴力图 2. 掌握轴向拉压杆应力的计算和强度校核 3. 掌握变形计算和超静定问题求解 4. 掌握连接件的强度校核	1. 教师 线上：发布本模块相关资料 线下：PPT 与板书相结合，课堂探讨互动并采用案例教学 2. 思政教学 线上：学生自行查阅我国桥梁建造的相关资料 线下：向同学们讲授学好本章节对国家发展的意义 3. 学生 线上：观看本模块相关资料 线下：调研更多本模块相关内容，认真完成作业题	课程目标 1、2、3
3. 扭转	1. 教学内容： ① 扭转的概念与实例 ② 外力矩的计算，扭矩及扭矩图 ③ 圆轴扭转时的应力，强度条件及应用 ④ 扭转时的变形计算，刚度条件及应用 2. 教学重点： ① 扭矩图 ② 强度条件及应用 ③ 刚度条件及应用 3. 教学难点： ① 圆轴扭转时的应力 ② 扭转时的变形计算	1. 学会画扭矩图 2. 掌握圆轴扭转应力的计算和强度校核 3. 掌握变形计算和超静定问题求解	1. 教师 线上：发布本模块相关资料 线下：PPT 与板书相结合，课堂探讨互动并采用案例教学 2. 学生 线上：观看本模块相关资料 线下：调研更多本模块相关内容，认真完成作业题	课程目标 1、2、3

续表

教学模块	教学内容	学生学习预期成果	教学方式	支撑的课程目标
4. 弯曲内力	1. 教学内容: ① 弯曲的概念与实例，剪力与弯矩 ② 剪力方程与弯矩方程，剪力图与弯矩图 ③ 载荷集度、剪力和弯矩间的关系，剪力弯矩图的规律，并据此直接绘制剪力弯矩图 2. 教学重点: ① 剪力图 ② 弯矩图 3. 教学难点: 微分关系	1. 学会写剪力方程、画剪力图 2. 学会写弯矩方程、画弯矩图 3. 掌握微分关系并利用规律作内力图	1. 教师 线上：发布本模块相关资料 线下：PPT 与板书相结合，课堂探讨互动并采用案例教学 2. 学生 线上：观看本模块相关资料 线下：调研更多本模块相关内容，认真完成作业题	课程目标 1、2
5. 弯曲应力	1. 教学内容: ① 纯弯曲时的正应力 ② 横力弯曲时的正应力 ③ 弯曲切应力 ④ 梁的强度条件及应用 ⑤ 提高弯曲强度的措施 2. 教学重点: ① 梁的强度条件及应用 ② 提高弯曲强度的措施 3. 教学难点: ① 纯弯曲时的正应力 ② 横力弯曲时的正应力 ③ 弯曲切应力 4. 课程思政: ① 富强、爱国、敬业——中国从古代到现代的高层建筑成就 ② 文明、和谐——强度校核对人民生命财产安全的重要性	1. 学会计算弯曲正应力和切应力 2. 掌握梁的强度校核 3. 掌握提高弯曲强度的措施	1. 教师 线上：发布本模块相关资料 线下：PPT 与板书相结合，课堂探讨互动并采用案例教学 2. 思政教学 线上：学生自行查阅我国高层建筑相关资料 线下：向同学们讲授学好梁的强度校核对国家发展和人民生命安全的意义 3. 学生 线上：观看本模块相关资料 线下：调研更多本模块相关内容，认真完成作业题	课程目标 1、2
6. 弯曲变形	1. 教学内容: ① 工程中的弯曲变形，挠度与转角 ② 求变形的积分法 ③ 求变形的叠加法 ④ 简单超静定梁 ⑤ 提高梁刚度的措施 2. 教学重点: ① 工程中的弯曲变形，挠度与转角 ② 提高梁刚度的措施	1. 学会计算弯曲变形 2. 掌握梁的刚度校核 3. 掌握提高弯曲刚度的措施	1. 教师 线上：发布本模块相关资料 线下：PPT 与板书相结合，课堂探讨互动并采用案例教学 2. 思政教学 线上：学生自行查阅弯曲变形的应用及危害 线下：向同学们讲授学好梁的刚度校核对国家发展和人民生命安全的意义	课程目标 1、2

续表

教学模块	教学内容	学生学习预期成果	教学方式	支撑的课程目标
6. 弯曲变形	3. 教学难点: ① 积分法和叠加法 ② 简单超静定梁 4. 课程思政: ① 富强、爱国、敬业——弯曲变形在生活中的应用 ② 文明、和谐——过度弯曲变形在工程中的危害		3. 学生 线上：观看本模块相关资料 线下：调研更多本模块相关内容，认真完成作业题	课程目标 1、2
7. 应力状态理论	1. 教学内容: ① 应力状态概述 ② 平面应力状态的应力分析，解析法及几何法求主应力确定主平面 ③ 三向应力状态简介 ④ 广义胡克定律 ⑤ 四种常用强度理论 2. 教学重点: ① 平面应力状态的应力分析，解析法及几何法求主应力确定主平面 ② 四种常用强度理论 3. 教学难点: 三向应力状态 4. 课程思政: 富强、爱国、敬业——俞茂宏教授和双剪统一强度理论	1. 学会分析平面应力状态和三向应力状态 2. 掌握广义胡克定律 3. 掌握四种常用强度理论	1. 教师 线上：发布本模块相关资料 线下：PPT 与板书相结合，课堂探讨互动并采用案例教学 2. 思政教学 线上：学生自行查阅俞茂宏教授的事迹 线下：向同学们讲述俞茂宏教授勤奋踏实的钻研精神和年轻有为的学术事迹 3. 学生 线上：观看本模块相关资料 线下：调研更多本模块相关内容，认真完成作业题	课程目标 2、3
8. 组合变形	1. 教学内容: ① 拉伸或压缩与弯曲的组合变形 ② 斜弯曲 ③ 扭转与弯曲的组合变形 2. 教学重点: 组合变形的强度校核 3. 教学难点: 识别复杂工程问题中的关键力学问题	1. 能够识别复杂工程问题中的关键力学问题 2. 学会对组合变形构件进行强度校核	1. 教师 线上：发布本模块相关资料 线下：PPT 与板书相结合，课堂探讨互动并采用案例教学 2. 学生 线上：观看本模块相关资料 线下：调研更多本模块相关内容，认真完成作业题	课程目标 1、2
9. 能量法	1. 教学内容: ① 线弹性杆件变形能的计算 ② 卡氏定理及应用 ③ 莫尔定理及应用 2. 教学重点: ① 卡氏定理及应用 ② 莫尔定理及应用 3. 教学难点: 求解静不定问题	1. 熟练应用能量法求解指定位置的挠度和转角 2. 熟练应用能量法求解静不定问题	1. 教师 线上：发布本模块相关资料 线下：PPT 与板书相结合，课堂探讨互动并采用案例教学 2. 学生 线上：观看本模块相关资料 线下：调研更多本模块相关内容，认真完成作业题	课程目标 1、2

续表

教学模块	教学内容	学生学习预期成果	教学方式	支撑的课程目标
10. 压杆稳定	1. 教学内容： ① 临界压力和临界应力的计算，欧拉公式 ② 临界压力和临界应力的计算，经验公式 ③ 压杆稳定性的计算与合理设计 2. 教学重点： 临界压力和临界应力的计算 3. 教学难点： 压杆稳定性的计算与合理设计 4. 课程思政： 屈曲的危害	1. 学会计算压杆柔度并判断其压杆类型 2. 掌握压杆稳定性的计算与合理设计	1. 教师 线上：发布本模块相关资料 线下：PPT 与板书相结合，课堂探讨互动并采用案例教学 2. 思政教学 线上：学生自行查阅因屈曲造成的稳定性事故 线下：向学生讲授屈曲的危害，学生撰写相关报告 3. 学生 线上：观看本模块相关资料 线下：调研更多本模块相关内容，认真完成作业题	课程目标 1、2

五、教材与学习资源

课程教材	张丽芳，翁国华 . 材料力学 [M]. 上海：上海科学技术出版社，2015.
参考书目	刘鸿文 . 简明材料力学 [M]. 北京：高等教育出版社，2008.
教学条件	多媒体教学

六、教学进程安排

序号	教学内容	课内学时	课外学时	课外学习内容
1	材料力学绪论	2/ 理论	2	总结本章知识点，完成课后作业
2	拉伸、压缩与剪切	8/ 理论	8	总结本章知识点，完成课后作业
3	扭转变形	4/ 理论	4	总结本章知识点，完成课后作业
4	弯曲内力	6/ 理论	6	总结本章知识点，完成课后作业
5	弯曲应力	8/ 理论	8	总结本章知识点，完成课后作业
6	弯曲变形	4/ 理论	4	总结本章知识点，完成课后作业
7	应力状态理论	8/ 理论	8	总结本章知识点，完成课后作业
8	组合变形	8/ 理论	8	总结本章知识点，完成课后作业
9	能量法	8/ 理论	8	总结本章知识点，完成课后作业
10	压杆稳定	6/ 理论	6	总结本章知识点，完成课后作业

七、课程考核

<table>
<tr><th rowspan="3">课程目标</th><th colspan="5">评价环节</th></tr>
<tr><th colspan="3">过程评价</th><th>考试评价</th><th rowspan="2">目标总分</th></tr>
<tr><th>过程项目</th><th>考核内容</th><th>分值</th><th>期末考试分值</th></tr>
<tr><td rowspan="5">1</td><td>课堂练习 1</td><td>按时足量完成课堂练习</td><td>3</td><td rowspan="5">24~25</td><td rowspan="5">46~48</td></tr>
<tr><td>课堂表现 1</td><td>课堂互动、问答等</td><td>3</td></tr>
<tr><td>作业 1</td><td>课后习题，由任课老师安排</td><td>3</td></tr>
<tr><td>测验 1</td><td>期中测验以及其他随堂测验</td><td>3</td></tr>
<tr><td>课程报告 1</td><td>课程内容相关的半命题报告</td><td>10</td></tr>
<tr><td rowspan="4">2</td><td>课堂练习 2</td><td>按时足量完成课堂练习</td><td>4</td><td rowspan="4">16~17</td><td rowspan="4">32~34</td></tr>
<tr><td>课堂表现 2</td><td>课堂互动、问答等</td><td>4</td></tr>
<tr><td>作业 2</td><td>课后习题，由任课老师安排</td><td>4</td></tr>
<tr><td>测验 2</td><td>期中测验以及其他随堂测验</td><td>4</td></tr>
<tr><td rowspan="4">3</td><td>课堂练习 3</td><td>按时足量完成课堂练习</td><td>3</td><td rowspan="4">7~8</td><td rowspan="4">16~18</td></tr>
<tr><td>课堂表现 3</td><td>课堂互动、问答等</td><td>3</td></tr>
<tr><td>作业 3</td><td>课后习题，由任课老师安排</td><td>3</td></tr>
<tr><td>测验 3</td><td>期中测验以及其他随堂测验</td><td>3</td></tr>
<tr><td colspan="3">合计</td><td>50</td><td>50</td><td>100</td></tr>
</table>

附件：各类考核评分标准表

大纲制定：焦古月
大纲审核：胡育佳
制定单位：机械工程学院
制定日期：2022 年 6 月 10 日

附件：各类考核评分标准表

课堂练习考核项评分标准 /分

课程目标	基本要求	90~100	80~89	70~79	60~69	< 60
1、2、3	按时足量完成课堂练习	课堂练习参与率≥90%，且完成质量优秀	80%≤课堂练习参与率<90%，且完成质量较好	70%≤课堂练习参与率<80%，且完成质量较好	60%≤课堂练习参与率<70%，且完成质量合格	课堂练习参与率<60%

课堂表现考核项评分标准 /分

课程目标	基本要求	90~100	80~89	70~79	60~69	< 60
1、2、3	认真听课，完成随堂练习，参与课堂互动，积极回答问题等	认真听课做笔记，积极完成随堂练习，在课堂上踊跃发言，回答问题正确次数≥10次，不违反课堂纪律	认真听课做笔记，完成随堂练习，在课堂上踊跃发言，回答问题正确次数≥5次，不违反课堂纪律	较好地做到认真听课，基本完成随堂练习，参与课堂互动回答问题，不违反课堂纪律	基本做到认真听课，能完成部分随堂练习，不违反课堂纪律	基本做到认真听课，完成少部分随堂练习

作业考核项评分标准 /分

课程目标	基本要求	90~100	80~89	70~79	60~69	< 60
1、2、3	按时交作业次数、作业完成质量等	按时交作业，作业完成率≥90%，作业平均等级≥B+	按时交作业，70%≤作业完成率<90%，作业平均等级≥B－	基本能按时交作业，70%≤作业完成率<90%，作业平均等级≥C－	有时能按时交作业，60%≤作业完成率<70%，作业平均等级≥D	不能按时交作业，50%≤作业完成率<60%。作业超过一半未完成可以参考教务处相关规定处理

测验考核项评分标准 /分

课程目标	基本要求	90~100	80~89	70~79	60~69	< 60
1、2、3	期中测验、随堂测验的等级评分	准时参加期中测验和随堂测验，测验成绩均达到A等	准时参加期中测验和随堂测验，测验平均成绩达到B等	参加期中测验和随堂测验，测验平均成绩达到C等	参加了期中测验和部分随堂测验，测验平均成绩达到D等	测验成绩未达到D等，或缺席部分测验

课程报告考核项评分标准 /分

课程目标	基本要求	90~100	80~89	70~79	60~69	< 60
1	课程报告提交的准时程度和完成质量	课程报告按时完成，内容完整、科学、正确	课程报告按时完成，内容基本完整、正确	课程报告未能按时完成，但内容基本完整、基本正确	课程报告未能按时完成，内容不够完整、基本正确	课程报告未能按时完成，内容不够完整，有较多错误

期末考试考核项评分标准

课程目标	基本要求	评价标准 / 分				
		90~100	80~89	70~79	60~69	< 60
1	掌握材料拉伸、压缩、剪切、扭转、弯曲变形、组合变形等基本知识和基本概念，掌握构件的强度、刚度和稳定性问题的相关概念、理论及分析方法和计算方法，并能以此识别机械设计、制造及控制过程中遇到的关键力学问题	熟练掌握材料拉伸、压缩、剪切、扭转、弯曲变形、组合变形等基本知识和基本概念，熟知并掌握构件的强度、刚度和稳定性问题的相关概念、理论及分析方法和计算方法	掌握材料拉伸、压缩、剪切、扭转、弯曲变形、组合变形等基本知识和基本概念，掌握构件的强度、刚度和稳定性问题的相关概念、理论及分析方法和计算方法	掌握材料拉伸、压缩、剪切、扭转、弯曲变形、组合变形等基本知识和基本概念，基本掌握构件的强度、刚度和稳定性问题的相关概念、理论及分析方法和计算方法	基本掌握材料拉伸、压缩、剪切、扭转、弯曲变形、组合变形等基本知识和基本概念，基本掌握构件的强度、刚度和稳定性问题的相关概念、理论及分析方法和计算方法	未掌握材料拉伸、压缩、剪切、扭转、弯曲变形、组合变形等基本知识和基本概念，未掌握构件的强度、刚度和稳定性问题的相关概念、理论及分析方法和计算方法
2	具备对构件进行校核、设计的分析计算能力；掌握能量法，并能对机械领域相关问题的解决方案进行设计计算和分析	具备熟练地对构件进行校核、设计的分析计算能力；熟练掌握能量法，并能对机械领域相关问题的解决方案进行设计计算和分析	具备对构件进行校核、设计的分析计算能力；掌握能量法，并能对机械领域相关问题的解决方案进行设计计算和分析	具备基本的对构件进行校核、设计的分析计算能力；掌握能量法，并能对机械领域相关问题的解决方案进行设计计算和分析	具备基本的对构件进行校核、设计的分析计算能力；基本掌握能量法，并能对机械领域相关问题的解决方案进行设计计算和分析	未具备基本的对构件进行校核、设计的分析计算能力；未掌握能量法，不能对机械领域相关问题的解决方案进行设计计算和分析
3	掌握应力状态理论，并能以此分析和研究材料在各类变形过程中的性质	熟练掌握应力状态理论，并能以此分析和研究材料在各类变形过程中的性质	较熟练掌握应力状态理论，并能以此分析和研究材料在各类变形过程中的性质	掌握应力状态理论，并能以此分析和研究材料在各类变形过程中的性质	基本掌握应力状态理论，并能以此分析和研究材料在各类变形过程中的性质	未掌握应力状态理论，不能以此分析和研究材料在各类变形过程中的性质

上海理工大學

UNIVERSITY OF SHANGHAI FOR SCIENCE AND TECHNOLOGY

本科课程教学大纲

机械原理 C

制定日期：2022 年 6 月 10 日

一、课程基本信息

<table>
<tr><td rowspan="2">课程名称</td><td colspan="6">机械原理 C</td></tr>
<tr><td colspan="6">Theory of Machines and Mechanisms C</td></tr>
<tr><td>课程代码</td><td colspan="2">14000653</td><td>开课单位</td><td colspan="3">机械学院</td></tr>
<tr><td>课程负责人</td><td colspan="2">吴恩启</td><td>课程类别</td><td colspan="3">理论类</td></tr>
<tr><td>课程性质</td><td colspan="2">学科基础课程</td><td>学分</td><td>3</td><td>学时</td><td>48</td></tr>
<tr><td>学时分配</td><td>理论</td><td>48</td><td>实验</td><td>0</td><td>上机</td><td>0</td></tr>
<tr><td>学习负荷</td><td colspan="6">课内学时 48+ 课外学时 48</td></tr>
<tr><td>教学团队</td><td colspan="6">吴恩启 丁晓红 王新华 汪昌盛 孙福佳 王瀚 吕方梅</td></tr>
<tr><td>授课语言</td><td colspan="6">中文</td></tr>
<tr><td>适用专业</td><td colspan="6">机械设计制造及其自动化</td></tr>
<tr><td>前修课程</td><td colspan="6">工程制图基础 B、机械工程制图 A、理论力学、材料力学、金属工艺学、材料及热处理等</td></tr>
<tr><td>后续支撑</td><td colspan="6">机械设计、机械设计课程设计、机械装备设计、机械创新及实践</td></tr>
<tr><td>课程思政设计</td><td colspan="6">在传授机械基本理论问题的同时，兼顾价值引领。教师通过机械原理设计时遵循的准则，培养学生求真务实的工匠精神；通过机械系统方案设计，培养学生的创新精神；结合机械发展的历史，激励学生自觉地把个人的理想追求融入国家和民族事业中，提高学生的民族使命感和凝聚力，实现育人的“润物细无声”</td></tr>
<tr><td colspan="7">课程简介</td></tr>
<tr><td colspan="7">课程定位：机械原理是机械设计制造及其自动化专业的一门重要技术基础课程，在学生的知识、能力和素质培养体系中，占有十分重要的地位。在培养机械类高级工程技术人才的全局中，该课程为学生从事机械方面的设计、制造、研究和开发奠定重要的基础，具有增强学生适应机械技术工作能力的作用
课程内容：本课程主要研究机器与机构的基础理论与方法以及各种机械的一般共性问题；研究机构结构分析、机构运动分析、机器动力学、常用机构的分析与设计等基础知识和基本内容
核心学习成效：使学生掌握机构、结构、运动学和机械动力学的基础知识和基本内容，初步掌握确定运动方案、分析和设计机构的基本方法和基本能力
教学方法：课程基于 OBE 与课程思政相融合的理念，采用丰富多样的教学方式和教学方法，实现教书育人。采用线上线下混合式教学方式，线上采用资料、视频、动画、微课等资源，让学生实现自主学习，所有作业、测验均在线上完成；线下主要是理论授课，讲解课程重点、难点及知识引导</td></tr>
</table>

二、课程培养学生的能力

序号	项目	是否支持
1	工程知识	√
2	问题分析	√
3	设计 / 开发解决方案	√
4	研究	
5	使用现代工具	
6	工程与社会	
7	环境和可持续发展	

续表

序号	项目	是否支持
8	职业规范	
9	个人和团队	
10	沟通	
11	项目管理	
12	终身学习	

注：若支持该项目能力的培养，请在“是否支持”栏目打“√”。

三、课程目标

目标	课程目标	毕业要求指标点	支撑的毕业要求
1	掌握机构自由度计算及机构运动简图的绘制，了解并掌握平面机构的运动分析方法、机械的运转及其速度波动的调节方法以及平面机械的平衡方法。能利用机械原理知识正确表达和描述机械领域复杂工程问题	1.1 能将数学、自然科学、工程和专业知识用于正确表述机械领域复杂工程问题	1. 工程知识
2	能够通过机构设计和分析的相关理论，研究机械设计时机构的选型、组合、变异等问题，正确表达机械设计过程中的关键问题，并对主要问题进行分析	2.2 能够基于机械工程科学原理与数学模型方法，分析机械领域复杂工程问题的关键环节和主要参数，正确表达其中的关键问题	2. 问题分析
3	掌握常用机械机构的工作原理和机构设计中的基本理论与方法，掌握连杆机构、凸轮机构、齿轮机构等常用机构的设计方法，并能综合运用相关知识，设计解决方案，并进行分析计算	3.1 掌握机械工程问题设计和产品开发全周期、全流程的基本设计开发方法和技术，了解影响设计目标和技术方案的各种因素	3. 设计 / 开发解决方案

四、教学内容

教学模块	教学内容	学生学习预期成果	教学方式	支撑的课程目标
第一章 绪论	1. 教学内容： ① 课程研究的对象及内容 ② 学习机械原理课程的目的 ③ 如何进行机械原理课程的学习 ④ 机械原理学科发展现状简介 2. 教学重点： 机械原理的研究对象 3. 教学难点： 机构与机器的特点 4. 课程思政： 爱国情怀、民族自豪感——我国机械的发展，大国重器	1. 明确课程研究对象 2. 掌握机械、机构、机器等概念 3. 了解课程发展前沿技术	1. 教师： 线上：微课视频 线下：课堂授课、研讨 2. 思政教学： 自行学习中国机械简史； 学习了解大国重器，如高铁、大飞机等 3. 学生 线上：微课视频 线下：撰写报告，包括机械的发展与创新，体现爱国情怀、敬业意识	目标 1

续表

教学模块	教学内容	学生学习预期成果	教学方式	支撑的课程目标
第二章 机构的结构分析	1. 教学内容： ① 机构结构分析的内容及目的 ② 机构的组成 ③ 机构运动简图 ④ 机构具有确定运动的条件 ⑤ 机构自由度的计算 ⑥ 计算平面机构自由度时应注意的事项 ⑦ 平面机构的组成原理、结构分类及结构分析 2. 教学重点： ① 机构运动简图 ② 平面自由度计算 ③ 平面机构组成原理 3. 教学难点： ① 绘制机构运动简图 ② 虚约束判断 ③ 平面机构的结构分析 4. 课程思政： 自我约束——机构的组成	1. 掌握机构运动简图的绘制方法 2. 掌握平面自由度的计算方法 3. 明确机构具有确定运动的条件 4. 掌握机构组成原理	1. 教师： 线上：微课视频 线下：课堂授课、研讨 2. 思政教学： 线上自行学习内燃机机构配合工作的视频 3. 学生 线上：微课视频 线下：完成课后作业 2-11，2-12，2-13，2-14，2-17，2-24	目标 1
第三章 平面机构的运动分析	1. 教学内容： ① 机构运动分析的任务、目的和方法 ② 用图解法作机构的运动分析 ③ 用解析法作机构的运动分析 2. 教学重点： ① 图解法分析机构 ② 速度瞬心法 3. 教学难点： ① 机构速度及加速度分析的一般图解法 ② 机构速度分析的便捷图解法	1. 掌握瞬心法分析速度 2. 掌握图解法分析速度 3. 了解解析法分析速度	1. 教师： 线上：微课视频 线下：课堂授课、研讨 2. 学生 线上：微课视频 线下：完成课后作业 3-3，3-5，3-7	目标 1
第四章 机械的平衡	1. 教学内容： ① 机械平衡的目的及内容 ② 刚性转子的平衡计算 ③ 刚性转子的平衡实验 ④ 转子的许用不平衡量 ⑤ 平面机构的平衡 2. 教学重点： ① 刚性转子的平衡计算 ② 平面机构的平衡 3. 教学难点： ① 刚性转子的动平衡计算 ② 平面机构的平衡 4. 课程思政： 和谐意识——机构平衡	1. 掌握静平衡和动平衡的概念 2. 用图解法进行回转件平衡计算 3. 了解机构平衡的原理与方法	1. 教师： 线上：微课视频 线下：课堂授课、研讨 2. 思政教学： 线上自行学习各种回转件运动平衡 3. 学生 线上：微课视频 线下：完成课后作业 4-5，4-7，4-8	目标 1

续表

教学模块	教学内容	学生学习预期成果	教学方式	支撑的课程目标
第五章 机械的运转及其速度波动的调节	1. 教学内容: ① 概述 ② 机械的运动方程式 ③ 机械运动方程式的求解 ④ 稳定运转状态下机械的周期性速度波动及其调节 ⑤ 机械的非周期性速度波动及其调节 2. 教学重点: ① 等效概念 ② 周期性速度波动调节方法 ③ 飞轮转动惯量计算 3. 教学难点: ① 等效参数的计算 ② 运动方程式求解	1. 掌握等效参数的计算 2. 掌握等效的基本原则 3. 熟悉最大盈亏功的计算方法 4. 掌握飞轮转动惯量的确定方法	1. 教师 线上：微课视频 线下：课堂授课、研讨 2. 学生 线上：微课视频 线下：完成课后作业 5-7, 5-12	目标 1
第六章 平面连杆机构及其设计	1. 教学内容: ① 连杆机构及其传动特点 ② 平面四杆机构的类型和应用 ③ 平面四杆机构的基本知识 ④ 平面四杆机构的设计 2. 教学重点: ① 铰链四杆机构 ② 曲柄存在条件 ③ 急回特性 3. 教学难点: ① 传动角计算 ② 四杆机构设计	1. 掌握四杆机构的特点及演化 2. 熟悉急回特性的特点及应用 3. 掌握曲柄存在的条件 4. 掌握连杆机构的设计方法 5. 了解死点的概念及应用	1. 教师: 线上：微课视频 线下：课堂授课、研讨 2 学生 线上：微课视频 线下：①完成课后作业 6-5, 6-7，6-8，6-9，6-15，6-24, 6-25 ② 以组为单位进行简单机械系统的方案设计	目标 3
第七章 凸轮机构及其设计	1. 教学内容: ① 凸轮机构的应用和分类 ② 推杆的运动规律 ③ 凸轮轮廓曲线的图解法设计过程 ④ 凸轮机构基本尺寸的确定 2. 教学重点: ① 推杆的运动规律 ② 图解法设计凸轮 ③ 凸轮基本尺寸确定 3. 教学难点: ① 推杆运动位移线图绘制 ② 解析法设计凸轮	1. 掌握推杆的运动规律 2. 掌握图解法设计凸轮 3. 熟悉凸轮基本尺寸确定 4. 了解解析法设计凸轮	1. 教师 线上：微课视频 线下：课堂授课、研讨 2. 学生 线上：微课视频 线下：完成课后作业 7-6, 7-14	目标 2 目标 3
第八章 齿轮机构及其设计	1. 教学内容: ① 齿轮机构的特点及类型 ② 齿轮的齿廓曲线 ③ 渐开线齿廓及其啮合特点 ④ 渐开线标准齿轮的基本参数和几何尺寸	1. 掌握齿廓啮合的基本定律 2. 掌握渐开线齿廓的基本特征 3. 掌握直齿圆柱齿轮的基本参数计算	1. 教师 线上：微课视频 线下：课堂授课、研讨 2. 思政教学 线上自主学习齿轮的发展历史	目标 2 目标 3

续表

教学模块	教学内容	学生学习预期成果	教学方式	支撑的课程目标
第八章 齿轮机构及其设计	⑤ 渐开线直齿圆柱齿轮的啮合传动及参数计算 ⑥ 渐开线齿廓的切制原理与根切现象 ⑦ 渐开线变位齿轮设计计算 ⑧ 斜齿圆柱齿轮设计计算 ⑨ 直齿锥齿轮传动和蜗杆传动介绍 ⑩ 其他类型的齿轮传动 2. 教学重点: ① 齿廓啮合定律 ② 渐开线特点 ③ 齿轮正确啮合条件 ④ 齿轮基本参数计算 3. 教学难点: ① 重合度计算 ② 变位齿轮设计 4. 课程思政: 民族自豪感——齿轮发展史	4. 掌握齿轮正确啮合的条件及连续性条件 5. 了解变位齿轮的基本概念及变位齿轮的设计	3. 学生 线上：微课视频 线下：完成课后作业 8-21，8-23，8-26，8-27，8-29，8-35	目标 2 目标 3
第九章 齿轮系及其设计	1. 教学内容: ① 齿轮系及其分类 ② 定轴轮系的传动比 ③ 周转轮系的传动比 ④ 复合轮系的传动比 ⑤ 轮系的功用 ⑥ 行星轮系的效率 ⑦ 行星轮系的类型选择及设计的基本知识 ⑧ 其他新型行星齿轮传动简介 2. 教学重点: ① 定轴轮系传动比计算 ② 周转轮系传动比计算 ③ 复合轮系传动比计算 3. 教学难点: ① 周转轮系传动比计算 ② 复合轮系传动比计算 4. 课程思政: 精益求精、工匠精神——机械手表	1. 熟悉轮系的分类 2. 掌握定轴轮系的传动比计算 3. 掌握周转轮系的传动比计算 4. 掌握复合轮系的传动比计算 5. 了解轮系的功用	1. 教师: 线上：微课视频 线下：课堂授课、研讨 2. 思政教学: 线上自主学习 机械手表高精密齿轮 3. 学生 线上：微课视频 线下：完成课后作业 9-11，9-16，9-17	目标 2 目标 3
第十章 其他常用机构	1. 教学内容: ① 棘轮机构 ② 槽轮机构 ③ 凸轮式间歇运动机构 ④ 不完全齿轮机构 ⑤ 螺旋机构 ⑥ 万向铰链机构	1. 掌握棘轮机构的特点及应用 2. 掌握槽轮机构的特点及应用 3. 掌握不完全齿轮机构的特点及应用 4. 了解螺旋运动的特点	1. 教师 线上：微课视频 线下：课堂授课、研讨 2. 学生 线上：微课视频 线下：了解各种间歇机构及螺旋机构的应用实例	目标 2 目标 3

续表

教学模块	教学内容	学生学习预期成果	教学方式	支撑的课程目标
第十章 其他常用机构	2. 教学重点： ① 棘轮机构 ② 槽轮机构 ③ 不完全齿轮机构 3. 教学难点： ① 棘轮机构设计 ② 槽轮机构设计	5. 了解万向铰链机构的特点及应用		目标 2 目标 3
第十一章 机械系统的方案	1. 教学内容： ① 概述 ② 机械工作原理的方案拟定 ③ 执行构件的运动设计及原动机的选择 ④ 机构的选型与变异 ⑤ 机构的组合 ⑥ 机械传动系统方案的拟定 ⑦ 机械传动系统设计举例 2. 教学重点： ① 机构的选型 ② 运动循环图绘制 ③ 机构的组合与变异 3. 教学难点： ① 机械工作原理的拟定 ② 执行机构的运动设计 4. 课程思政： 创新精神——原理设计与拟定	1. 掌握机械原理的拟定方法 2. 掌握机构的选型 3. 掌握机构的组合与变异方法 4. 熟悉运动循环图的绘制方法	1. 教师 线上：微课视频 线下：课堂授课、研讨 2. 思政教学 机械系统方案的设计 3. 学生 线上：微课视频 线下：熟悉机械运动方案设计方法及规范	目标 3

五、教材与学习资源

课程教材	[1] 孙垣 . 机械原理 [M]. 第 8 版 . 北京：高等教育出版社，2018 . [2]Wilson C.Kinematics and Dynamics of Machinery[M].Chongqing：Chongqing University Press，2005.
参考书目	1. 邹惠君，张春林，李杞仪 . 机械原理 [M]. 第 2 版 . 北京：高等教育出版社，2006. 2.Robert L. Norton.Design of Machinery[M].Beijing：China Machine Press，2017.
教学条件	1. 超星线上课程平台； 2. 学校一教智能多功能教室； 3. 腾讯会议互动平台和 QQ 交流平台

六、教学进程安排

序号	教学内容	课内学时	课外学时	课外学习内容
1	第一章　绪论 1/1 本课程研究的对象及内容 1/2 学习本课程的目的 1/3 如何进行本课程的学习 1/4 机械原理学科发展现状简介	3/ 理论	3	习题 2-11，2-12，2-13

续表

序号	教学内容	课内学时	课外学时	课外学习内容
1	第二章　机构的结构分析 2/1 机构结构分析的内容及目的 2/2 机构的组成 2/3 机构运动简图 2/4 机构具有确定运动的条件	3/ 理论	3	习题 2-11，2-12，2-13
2	2/5 机构自由度的计算 2/6 计算平面机构自由度时应注意的事项 2/7 平面机构的组成原理、结构分类及结构分析	3/ 理论	3	习题 2-14，2-17，2-24
3	第三章　平面机构的运动分析 3/1 机构运动分析的任务、目的和方法 3/2 用解析法作机构的运动分析	3/ 理论	3	习题 3-3， 3-5，3-7
4	第四章　机械的平衡 4/1 机械平衡的目的及内容 4/2 刚性转子的平衡计算 4/3 刚性转子的平衡试验 4/4 转子的许用不平衡量 4/5 平面机构的平衡	3/ 理论	3	习题 4-5，4-7，4-8
5	第五章　机械的运转及其速度波动的调节 5/1 概述 5/2 机械的运动方程式 5/3 机械运动方程式的求解 5/4 稳定运转状态下机械的周期性速度波动及其调节 5/5 机械的非周期性速度波动及其调节	3/ 理论	3	习题 5-7，5-12
6	第六章　平面连杆机构及其设计 6/1 连杆机构及其传动特点 6/2 平面四杆机构的类型和应用 6/3 平面四杆机构的基本知识	3/ 理论	3	习题 6-5，6-7，6-8，
7	6/4 平面四杆机构的设计	3/ 理论	3	习题 6-9，6-15，6-24， 6-25
8	第七章　凸轮机构及其设计 7/1 凸轮机构的应用和分类 7/2 推杆的运动规律 7/3 凸轮轮廓曲线的图解法设计过程 7/4 凸轮机构基本尺寸的确定	3/ 理论	3	习题 7-6，7-14
9	第八章　齿轮机构及其设计 8/1 齿轮机构的特点及类型 8/2 齿轮的齿廓曲线 8/3 渐开线齿廓及其啮合特点 8/4 渐开线标准齿轮的基本参数和几何尺寸	3/ 理论	3	习题 8-1，8-2，8-3
10	8/5 渐开线直齿圆柱齿轮的啮合传动 8/6 渐开线齿廓的切制原理与根切现象 8/7 渐开线变位齿轮简介	3/ 理论	3	习题 8-21，8-23，8-26

续表

序号	教学内容	课内学时	课外学时	课外学习内容
11	8/8 斜齿圆柱齿轮传动 8/9 直齿锥齿轮传动 8/10 蜗轮蜗杆传动	3/ 理论	3	习题 8-27，8-29，8-35
12	第九章　齿轮系及其设计 9/1 齿轮系及其分类 9/2 定轴轮系的传动比 9/3 周转轮系的传动比	3/ 理论	3	习题 9-1，9-2
13	9/4 复合轮系的传动比 9/5 轮系的功用 9/6 行星轮系的效率 9/7 行星轮系的类型选择及设计的基本知识	3/ 理论	3	习题 9-11，9-16，9-17
14	第十章　其他常用机构 10/1 棘轮机构 10/2 槽轮机构 10/3 凸轮式间歇运动机构 10/4 不完全齿轮机构 10/5 螺旋机构 10/6 组合机构	3/ 理论	3	习题 10-1，10-2，10-4，10-5，10-8，10-10
15	第十一章　机械系统的方案 11/1 概述 11/2 机械工作原理的拟定 11/3 执行构件的运动设计及原动机的选择 11/4 机构的选型和变异	3/ 理论	3	习题 11-1，11-6
16	11/5 机构的组合 11/6 机械传动系统方案的拟定 复习	3/ 理论	3	

七、课程考核

课程目标	考核要点	考核与评价方式及成绩比例 /%					成绩比例 /%
		过程考核				期末考试	
		课堂	作业	自测	大作业		
1	机构的结构分析、运动分析	3	3	3	0	12	21
2	机械原理问题描述及分析	3	3	3	10	24	43
3	常用机构的分析与方案设计	4	4	4	0	24	36
合计		10	10	10	10	60	100
期末考试资格							
无故缺勤 3 次课以内、按时完成作业二分之一以上							
期末考试形式							
■闭卷笔试　□开卷 / 半开卷　□小论文　□报告　□口试　□作品 □口笔试兼用　□上机　□技能操作　□其他（请注明）_______（必填）							

附件：各类考核评价及评分标准

大纲制定：吴恩启
大纲审核：丁晓红
制定单位：机械工程学院
制定日期：2022 年 6 月 10 日

附件：各类考核评价及评分标准

课程考核总体评价标准

课程目标	基本要求	评价标准 / 分					权重 /%
		90~100	80~89	70~79	60~69	＜ 60	
1	掌握机构自由度计算、机构运动简图的绘制、平面机构的运动分析方法、机械的运转及其速度波动的调节、平面机械的平衡方法，能够利用机械原理知识正确描述机械领域复杂工程问题	很好掌握机构自由度计算、机构运动简图的绘制、平面机构的运动分析方法、机械的运转及其速度波动的调节、平面机械的平衡方法，能够正确利用机械原理知识正确描述机械领域复杂工程问题。知识及概念掌握全面，运用得当	良好掌握机构自由度计算、机构运动简图的绘制、平面机构的运动分析方法、机械的运转及其速度波动的调节、平面机械的平衡方法，能够利用机械原理知识正确描述机械领域复杂工程问题。知识及概念掌握较全面，能正确运用	较好掌握机构自由度计算、机构运动简图的绘制、平面机构的运动分析方法、机械的运转及速度波动的调节、平面机械的平衡方法，能够较好利用机械原理知识正确描述机械领域复杂工程问题。知识及概念掌握较全面，基本能正确运用	基本掌握机构自由度计算、机构运动简图的绘制、平面机构的运动分析方法、机械的运转及其速度波动的调节、平面机械的平衡方法，基本能够利用机械原理知识正确描述机械领域复杂工程问题。知识及概念掌握程度一般，基本能运用	不能掌握机构自由度计算及机构运动简图的绘制，未掌握平面机构的运动分析方法、机械的运转及其速度波动的调节方法、平面机械的平衡方法。不能利用机械原理知识正确表达和描述机械领域复杂工程问题	21%
2	掌握机构设计和分析的相关理论，掌握机构的选型、组合、变异等知识，能够对机械设计过程中的主要问题进行分析，正确表达关键问题	很好掌握机构设计和运动分析的相关理论，很好掌握机构的选型、组合、变异等知识，能够对机械设计过程中的主要问题进行正确计算和合理分析，正确表达关键问题。分析过程合理，逻辑性强	良好掌握机构设计和运动分析的相关理论，良好掌握机构的选型、组合、变异等知识，能够对机械设计过程中的主要问题进行正确计算和较合理的分析，正确表达关键问题。分析过程较合理，逻辑性较强	较好掌握机构设计和运动分析的相关理论，较好掌握机构的选型、组合、变异等知识，能够对机械设计过程中主要问题进行基本合理的计算分析，表达关键问题基本正确。分析过程基本合理，逻辑性较强	基本掌握机构设计和运动分析的相关理论，基本掌握机构的选型、组合、变异等知识，能够对机械设计过程中的主要问题进行计算和分析，分析过程基本合理	不能掌握机构设计和运动分析的相关理论，不能掌握机构的选型、组合、变异等知识，不能对机械设计过程中的主要问题进行计算和分析，分析过程不合理	43%
3	掌握连杆机构、凸轮机构、齿轮机构等常用机构的工作原理和设计方法，并能综合运用相关知识，设计解决方案，并进行分析计算	很好掌握连杆机构、凸轮机构、齿轮机构等常用机构的工作原理和设计方法，能够正确综合运用相关知识，设计解决方案，并进行分析计算，计算过程正确、完整	良好掌握连杆机构、凸轮机构、齿轮机构等常用机构的工作原理和设计方法，能够综合运用相关知识，设计解决方案，并进行分析计算，计算过程较正确、完整	较好掌握连杆机构、凸轮机构、齿轮机构等常用机构的工作原理和设计方法，能够较好运用相关知识，设计解决方案，并进行分析计算，计算过程基本正确、完整	基本掌握连杆机构、凸轮机构、齿轮机构等常用机构的工作原理和设计方法，基本能够设计解决方案，并进行分析计算，计算过程基本正确	不能掌握连杆机构、凸轮机构、齿轮机构等常用机构的工作原理和设计方法，不能够运用相关知识设计解决方案，计算过程不正确	36%

课堂表现考核评分标准 / 分

课程目标	基本要求	90~100	80~89	70~79	60~69	< 60
目标 1 目标 2 目标 3	在进行相关知识点学习时，按时上课，认真听讲，积极参与讨论，积极回答问题	在进行相关知识点学习时，认真听课，积极参与讨论并主动回答问题，回答正确	在进行相关知识点学习时，认真听课，积极参与讨论并主动回答问题，回答较正确	在进行相关知识点学习时，听课较认真，参与讨论和回答问题积极性较高，回答基本正确	在进行相关知识点学习时，听课较认真，参与讨论和回答问题不积极，回答基本正确	在进行相关知识点学习时，听课不认真，不参与讨论和回答问题，或回答错误

作业评分标准 / 分

课程目标	基本要求	90~100	80~89	70~79	60~69	< 60
目标 1 目标 2 目标 3	在进行相关知识点学习时，按时交作业，解题过程正确、完整，逻辑性强，书写清晰，答案正确	在进行相关知识点学习时，按时交作业，解题过程正确、完整，逻辑性强，书写清晰，答案正确率≥ 90%	在进行相关知识点学习时，按时交作业，解题过程较正确、完整，逻辑性较强，书写清晰，答案正确率≥ 80%	在进行相关知识点学习时，解题过程基本正确、完整，答案正确率≥ 70%	在进行相关知识点学习时，解题过程存在错误，答案正确率≥ 60%	在进行相关知识点学习时，解题过程错误多，答案正确率<60%

随堂测试评分标准 / 分

课程目标	基本要求	90~100	80~89	70~79	60~69	< 60
目标 1 目标 2 目标 3	在进行相关知识点学习时，按时参加随堂测试，保证正确率	在进行相关知识点学习时，按时参加随堂测试，正确率≥ 90%	在进行相关知识点学习时，按时参加随堂测试，80% ≤正确率 <90%	在进行相关知识点学习时，按时参加随堂测试，70% ≤正确率 <80%	在进行相关知识点学习时，按时参加随堂测试，60% ≤正确率 <70%	在进行相关知识点学习时，按时参加随堂测试且正确率<60%，或缺席测试

大作业评分标准 / 分

课程目标	基本要求	90~100	80~89	70~79	60~69	< 60
目标 2	大作业按时完成，内容完整、分析合理，计算正确	大作业按时完成，内容很完整、分析合理，计算正确	大作业按时完成，内容较完整、分析较合理，计算较正确	大作业按时完成，内容较完整、分析基本合理，计算基本正确	大作业内容基本完整、分析基本合理，计算基本正确	大作业内容不完整、计算正确率低于60%

期末考试评分标准

课程目标	基本要求	评价标准 / 分					分值占比	备注
		90~100	80~89	70~79	60~69	< 60		
目标 1	按时参加考试，解题过程正确完整，结果正确，书写清晰	在进行相关知识点答题时，解题过程正确完整，逻辑性强，正确率≥ 90%，书写清晰	在进行相关知识点答题时，解题过程较正确完整，逻辑性较强，80% ≤正确率 <90%，书写清晰	在进行相关知识点答题时，解题过程基本正确，逻辑性较强，70% ≤正确率 <80%	在进行相关知识点答题时，解题过程基本正确，60% ≤正确率 <70%	在进行相关知识点答题时，解题过程错误较多，答案正确率 <60%	20%	简答题、分析计算题
目标 2	按时参加考试，解题过程正确完整，结果正确，书写清晰	在进行相关知识点答题时，解题过程正确完整，逻辑性强，正确率≥ 90%，书写清晰	在进行相关知识点答题时，解题过程较正确完整，逻辑性较强，80% ≤正确率 <90%，书写清晰	在进行相关知识点答题时，解题过程基本正确，逻辑性较强，70% ≤正确率 <80%	在进行相关知识点答题时，解题过程基本正确，60% ≤正确率 <70%	在进行相关知识点答题时，解题过程错误较多，答案正确率 <60%	40%	填空题、选择题
目标 3	按时参加考试，解题过程正确完整，结果正确，书写清晰	在进行相关知识点答题时，解题过程正确完整，逻辑性强，正确率≥ 90%，书写清晰	在进行相关知识点答题时，解题过程较正确完整，逻辑性较强，80% ≤正确率 <90%，书写清晰	在进行相关知识点答题时，解题过程基本正确，逻辑性较强，70% ≤正确率 <80%	在进行相关知识点答题时，解题过程基本正确，60% ≤正确率 <70%	在进行相关知识点答题时，解题过程错误较多，答案正确率 <60%	40%	分析计算题

上海理工大学

UNIVERSITY OF SHANGHAI FOR SCIENCE AND TECHNOLOGY

本科课程教学大纲

机械测试与控制基础

制定日期：2022 年 6 月 10 日

一、课程基本信息

<table>
<tr><td>课程名称</td><td colspan="6">机械测试与控制基础
Fundamentals of Mechanical Engineering Measurement, Test and Control</td></tr>
<tr><td>课程代码</td><td colspan="2">14000450</td><td colspan="2">开课单位</td><td colspan="2">机械工程学院</td></tr>
<tr><td>课程负责人</td><td colspan="2">冯春花</td><td colspan="2">课程类别</td><td colspan="2">理论类</td></tr>
<tr><td>课程性质</td><td colspan="2">专业课程</td><td>学分</td><td>3</td><td>学时</td><td>48</td></tr>
<tr><td>学时分配</td><td>理论</td><td>48</td><td>实验</td><td>0</td><td>上机</td><td>0</td></tr>
<tr><td>学习负荷</td><td colspan="6">课内学时 64+ 课外学时 72</td></tr>
<tr><td>教学团队</td><td colspan="6">李郝林、林献坤、陈飒、周静、冯春花、申慧敏、景大雷、骆艳洁</td></tr>
<tr><td>授课语言</td><td colspan="6">中文</td></tr>
<tr><td>适用专业</td><td colspan="6">机械设计制造及其自动化</td></tr>
<tr><td>前修课程</td><td colspan="6">高等数学、线性代数、大学物理</td></tr>
<tr><td>后续支撑</td><td colspan="6">毕业设计</td></tr>
<tr><td>课程思政设计</td><td colspan="6">1. 通过校企合作成功案例培养学生的职业素养
2. 通过线上 / 线下案例视频，激发学生的爱国情怀和创新精神</td></tr>
<tr><td colspan="7">课程简介</td></tr>
<tr><td colspan="7">课程定位：本课程的学习，可使学生掌握较为宽厚的专业基础知识，能够应用控制理论及建模分析的相关知识，解决机械自动化生产中的工程控制问题，为锻炼学生的综合工程能力打下基础
课程内容：《机械测试与控制基础》是机械设计制造及其自动化专业的专业基础课程。本课程综合运用高等数学、大学物理、力学、电子电工学、计算机技术等知识，使学生掌握系统静态与动态特性的分析方法，掌握控制过程的时域分析、频域分析和稳定性分析方法，掌握常见的信号测试与分析方法。掌握机械系统测试知识，数据采集、数据分析、常用传感器、测试仪器性能评价等相关知识
核心学习成效：①知识。通过本课程的学习，学生能掌握机械系统静态与动态特性的分析方法，掌握控制系统的时域分析、频域分析和稳定性分析方法。②能力要求。通过本课程的学习，学生具备机械系统静态与动态特性的分析能力，具备对机械控制系统的设计与控制性能的分析能力，具备对控制系统稳定性的分析能力；具备对机械系统测试系统的设计能力。③素质。通过进一步的工作和学习，学生具备设计机械反馈控制系统和分析系统性能的相关知识，具有机械系统设计与分析的能力。学生在将来的工作和学习中，具有机械控制系统设计的专业技能。在具备控制理论的基本知识后，本课程为进一步学习机电一体化知识奠定良好的专业基础，使学生具有机电系统的设计与开发综合能力
教学方法：基于产出导向的理念（OBE 理念），简述该课程教学过程中使用的教学方式（线下教学、线上教学、线上线下混合式教学）和教学方法
1. 采用线上线下融合的教学形式
2. 线下采用融入思政元素的教学模式</td></tr>
</table>

二、课程培养学生的能力

序号	项目	是否支持
1	工程知识	
2	问题分析	√
3	设计 / 开发解决方案	
4	研究	√
5	使用现代工具	√

续表

序号	项目	是否支持
6	工程与社会	
7	环境和可持续发展	
8	职业规范	√
9	个人和团队	
10	沟通	
11	项目管理	
12	终身学习	

注：若支持该项目能力的培养，请在“是否支持”栏目打“√”。

三、课程目标

目标	课程目标	毕业要求指标点	支撑的毕业要求
1	掌握机械测试与控制的基本知识和基本概念，掌握建模的原则，掌握系统分析、系统性能改善的方法；了解常用传感器与敏感元件，了解信号调理和信号处理的概念、特定机电系统的校正设计方法	2.2 能够基于机械工程科学原理与数学模型方法，分析机械领域复杂工程问题的关键环节和主要参数，正确表达其中的关键问题	2. 问题分析
2	具备机械系统动态过程的设计和分析能力，并对机械控制过程及其测试系统进行设计计算，为从事机电系统试验设计与信号获取及处理奠定基础	4.4 能够对实验结果进行分析和解释，并通过信息综合得到合理有效的结论	4. 研究
3	掌握控制系统的建模、时域分析、频域分析和稳定性分析的方法，掌握机械系统特性的评价与信号描述、传感器信号调理和信号处理、测量方法	5.2 能够选择与使用恰当的仪器、工具、软件和信息资源，对机械领域复杂工程问题进行分析、建模、仿真、计算和设计	5. 使用现代工具
4	具备从事机电系统测试与控制的良好职业操作规范	8.2 能够在机械产品的设计、制造及应用中遵守职业道德和规范，具有法律意识，并能够在工程实践中自觉履行责任	8. 职业规范

四、教学内容

教学模块	教学内容	学生学习预期成果	教学方式	支撑的课程目标
一、控制系统数学建模	1. 教学内容： ① 控制系统基础 ② 控制系统的基本概念 ③ 控制系统的建模 ④ 系统模型的转换 2. 教学重点： ① 控制系统建模 ② 系统模型的转换 3. 教学难点： 控制系统建模	1. 掌握控制系统基本概念 2. 熟练掌握控制系统建模方法	1. 教师 线上：网络课件 线下：课堂讲授 2. 思政教学 线上：复习高数相关知识，学习控制系统在时域、复数域、频域的建模 线下：讨论积极人生观行为与消极人生观行为的动力学模型，及其在动力学中的不同表现与控制方法	目标 1 目标 4

续表

教学模块	教学内容	学生学习 预期成果	教学方式	支撑的 课程目标
一、 控制系统 数学建模	4. 课程思政： 在讲解控制系统建模方法时，把学生个体和学生群体及其行为作为一个动力学系统，构建不同人生观的动力学模型，帮助同学树立正确的人生观		3. 学生 线上：课程 PPT 线下：阅读参考书，完成作业	目标 1 目标 4
二、 控制系统 分析	1. 教学内容： ① 时间响应分析 ② 控制系统频域分析 ③ 稳定性分析 ④ 测试装置的静态及动态特性 2. 教学重点： ① 时间响应分析 ② 控制系统频域分析 ③ 稳定性分析 ④ 测试装置的静态及动态特性 3. 教学难点： ① 控制系统频域分析 ② 稳定性分析 4. 课程思政： 以学生大学学习与生活中突出的热点问题为案例，将其融入控制系统响应分析和控制系统频域分析中，端正学生的学习态度，激发学生的学习热情	1. 掌握控制系统时域、频域及稳定性分析的方法 2. 掌握测试装置的静态及动态特性	1. 教师 线上：网络课件 线下：课堂讲授 2. 思政教学 线上：控制系统的时域分析、频域分析及其稳定性分析 线下：把学生个人人生观的具体行为的动力学分析作为思政的契合点进行探讨 3. 学生 线上：课程 PPT 线下：阅读参考书，完成作业	目标 2
三、 传感及信 号处理	1. 教学内容： ① 信号及其描述及分析处理方法 ② 测试装置的基本特性 ③ 常用传感器与敏感元件 ④ 信号的调理 ⑤ 信号处理初步 ⑥ 机械量的测试 2. 教学重点： ① 信号及其描述 ② 测试装置的基本特性 ③ 常用传感器与敏感元件 ④ 信号的调理 3. 教学难点： ① 信号及其描述 ② 信号的分析 4. 课程思政： 讲解国内传感器开发应用上的弱势及应用市场优势，激发学生的学习热情	1. 掌握信号及其描述 2. 掌握信号相关性分析等分析处理方法 3. 掌握常用传感器的应用 4. 传感器信号调理和信号处理、测量方法	1. 教师 线上：网络课件 线下：课堂讲授 2. 思政教学 线上：国内外传感器开发应用情况，国内在传感器需求应用方面的广大市场空间 线下：传感器开发应用中的难点 3. 学生 线上：课程 PPT 线下：阅读参考书，完成作业	目标 1 目标 3

五、教材与学习资源

课程教材	[1] 李郝林 . 机械控制工程基础 [M]. 北京：清华大学出版社，2014. [2] 李郝林 . 机械工程测试技术基础 [M]. 上海：上海科学技术出版社，2017.
参考书目	[1] Ogata K.Modern Control Engineering（5th Edition）[M].New Jersey：Prentice Hall，2010. [2] Keviczky L，Bars R，Hetthéssy J，et al.Control Engineering[M].Berlin：Springer，2019. [3] 王伯雄 . 测试技术基础 [M]. 北京：清华大学出版社，2003. [4] 董景新，赵长德，郭美凤，等 . 控制工程基础 [M]. 第 4 版 . 北京：清华大学出版社，2015. [5] 董海森，王蕾 . 机械工程测试技术学习辅导 [M]. 北京：中国计量出版社，2009. [6] 杨叔子，杨克冲 . 机械工程控制基础 [M]. 第 6 版 . 武汉：华中科技大学出版社，2014. [7] 熊诗波，黄长艺 . 机械工程测试技术基础 [M]. 第 3 版 . 北京：机械工业出版社，2015.
教学条件	1. 多媒体教室：有黑板、PPT、计算机模拟软件等 2. 实验室：实验室仪器和计算机

六、教学进程安排

序号	教学内容	课内学时	课外学时	课外学习内容
1	第一章　控制工程绪论 1.1 机械工程控制论的研究对象与任务 1.2 系统及其模型 1.3 反馈的概念 1.4 系统的分类及对控制系统的基本要求 1.5 机械制造的发展与控制理论的应用	3/ 理论	4	
2	第二章　控制系统的数学模型 2.1 系统微分方程 2.2 系统的传递函数	3/ 理论	4	
3	第二章　控制系统的数学模型 2.3 典型环节传递函数 2.4 传递函数方框图化简	3/ 理论	4	作业 1
4	第三章　控制系统的时域分析 3.1 时间响应 3.2 时域分析	3/ 理论	4	作业 2
5	第三章　控制系统的时域分析 3.3 误差分析 第四章 控制系统的频域分析 4.1 频率特性	3/ 理论	4	
6	第四章　控制系统的频域分析 4.2 频率特性的图示表达 第五章　控制系统的稳定性分析 5.1 代数判据	3/ 理论	4	作业 3
7	第五章　控制系统的稳定性分析 5.2 几何判据	3/ 理论	4	
8	5.3 相对稳定性 第六章　控制系统的综合与校正 6.1 系统校正 6.2 控制系统的综合与校正（自学）	3/ 理论	4	作业 4

续表

序号	教学内容	课内学时	课外学时	课外学习内容
9	第七章　机械测试绪论	3/ 理论	4	
10	第八章　信号及其描述 8.1 信号分类及描述分析 8.2 周期信号及其频谱 8.3 非周期信号及其频谱	3/ 理论	4	作业 5
11	第九章　测试装置的基本特性 9.1 测试装置的静态特性 9.2 测试装置的动态特性 9.3 不失真测试的条件	3/ 理论	4	作业 6
12	第十章　常用传感器与敏感元件 10.1 传感器分类 10.2 常用传感器	3/ 理论	4	作业 7
13	第十章　常用传感器与敏感元件 10.3 传感器选用原则	3/ 理论	4	
14	第十一章　信号的调理与数字化 11.1 测量电桥	3/ 理论	4	作业 8
15	第十一章　信号的调理与数字化 11.2 滤波器 11.3 信号的数字化	3/ 理论	4	作业 9
16	第十二章　机械测量工程案例	3/ 理论	4	

七、课程考核

课程目标	考核要点	考核与评价方式及成绩比例 /%				成绩比例 /%
		过程考核			期末考试	
		课堂表现	作业	随堂测验		
1	机械测试与控制的基本知识和基本概念，建模的原则，系统分析、系统性能改善的方法；常用传感器与敏感元件，信号调理和信号处理的概念	4	6	5	15	30
2	机械系统动态过程的设计和分析，机械控制过程及其测试系统的设计计算	6	6	2	16	30
3	控制系统的建模、时域分析、频域分析和稳定性分析，机械系统特性的评价与信号描述、传感器信号调理和信号处理、测量方法	7	7	6	19	39
4	课堂互动，参与职业操作规范话题讨论	1	0	0	0	1
合计		18	19	13	50	100

期末考试资格
无故缺勤 3 次课以内、按时完成作业二分之一以上者
期末考试形式
□闭卷笔试　■开卷笔试　□小论文　□报告 □口试　□作品 □口笔试兼用　□上机　□技能操作　□其他（请注明）_________（必填）

附件：各类考核评分标准表

大纲制定：冯春花 陈飒
大纲审核：丁晓红
制定单位：机械工程学院
制定日期：2022 年 6 月 10 日

附件：各类考核评分标准表

课程考核总体评价标准

课程目标	基本要求	评价标准 / 分					权重/%
		90~100	80~89	70~79	60~69	＜ 60	
1	掌握机械测试与控制的基本知识和基本概念，掌握建模的原则，掌握系统分析、系统性能改善的方法；了解常用传感器与敏感元件，信号调理和信号处理的概念，特定机电系统的校正设计方法	熟练掌握机械测试与控制的基本知识和基本概念，熟练掌握建模的原则，熟练掌握系统分析、系统性能改善的方法；熟知并掌握常用传感器与敏感元件，信号调理和信号处理的概念，特定机电系统的校正设计方法；出勤率≥ 95%	准确掌握机械测试与控制的基本知识和基本概念，准确掌握建模的原则，准确掌握系统分析、系统性能改善的方法；了解并掌握常用传感器与敏感元件，信号调理和信号处理的概念，特定机电系统的校正设计方法；出勤率≥ 95%	掌握机械测试与控制的基本知识和基本概念，掌握建模的原则，掌握系统分析、系统性能改善的方法；掌握常用传感器与敏感元件，信号调理和信号处理的概念，特定机电系统的校正设计方法；85% ≤出勤率＜ 95%	基本掌握机械测试与控制的基本知识和基本概念，基本掌握建模的原则，基本掌握系统分析、系统性能改善的方法；基本掌握常用传感器与敏感元件，信号调理和信号处理的概念，特定机电系统的校正设计方法；75% ≤出勤率＜ 85%	未掌握机械测试与控制的基本知识和基本概念，未掌握建模的原则，未掌握系统分析、系统性能改善的方法；未掌握常用传感器与敏感元件，信号调理和信号处理的概念，特定机电系统的校正设计方法；67% ≤出勤率＜ 75%	30%
2	具备机械系统动态过程的设计和分析能力，并对机械控制过程及其测试系统进行设计计算，为从事机电系统试验设计与信号获取及处理奠定基础	具备机械系统动态过程的设计和分析能力，并对机械控制过程及其测试系统进行准确设计计算，为从事机电系统试验设计与信号获取及处理奠定基础；出勤率≥ 95%	具备机械系统动态过程的设计和分析能力，并对机械控制过程及其测试系统进行正确设计计算，为从事机电系统试验设计与信号获取及处理奠定基础；出勤率≥ 95%	具备机械系统动态过程的设计和分析能力，并对机械控制过程及其测试系统进行设计计算，为从事机电系统试验设计与信号获取及处理奠定基础；85% ≤出勤率＜ 95%	基本具备机械系统动态过程的设计和分析能力，并对机械控制过程及其测试系统进行基本设计计算，为从事机电系统试验设计与信号获取及处理奠定基础；75% ≤出勤率＜ 85%	未具备机械系统动态过程的设计和分析能力，不能对机械控制过程及其测试系统进行设计计算，不能为从事机电系统试验设计与信号获取及处理奠定基础；67% ≤出勤率＜ 75%	30%
3	掌握控制系统的建模、时域分析、频域分析和稳定性分析方法，掌握机械系统特性的评价与信号描述、传感器信号调理和信号处理、测量方法	熟练掌握控制系统的建模、时域分析、频域分析和稳定性分析方法，熟练掌握机械系统特性的评价与信号描述、传感器信号调理和信号处理、测量方法；出勤率≥ 95%	准确掌握控制系统的建模、时域分析、频域分析和稳定性分析方法，准确掌握机械系统特性的评价与信号描述、传感器信号调理和信号处理、测量方法；出勤率≥ 95%	掌握控制系统的建模、时域分析、频域分析和稳定性分析方法，掌握机械系统特性的评价与信号描述、传感器信号调理和信号处理、测量方法；85% ≤出勤率＜ 95%	基本掌握控制系统的建模、时域分析、频域分析和稳定性分析方法，基本掌握机械系统特性的评价与信号描述、传感器信号调理和信号处理、测量方法；75% ≤出勤率＜ 85%	未掌握控制系统的建模、时域分析、频域分析和稳定性分析方法，未掌握机械系统特性的评价与信号描述、传感器信号调理和信号处理、测量方法；67% ≤出勤率＜ 75%	39%

续表

课程目标	基本要求	评价标准					权重/%
		90~100	80~89	70~79	60~69	< 60	
4	具备从事机电系统测试与控制的良好职业操作规范	具备从事机电系统测试与控制的良好职业操作规范；出勤率≥ 95%	具备从事机电系统测试与控制的正确职业操作规范；出勤率≥ 95%	具备从事机电系统测试与控制的职业操作规范；85% ≤出勤率＜ 95%	基本具备从事机电系统测试与控制的职业操作规范；75% ≤出勤率＜ 85%	未具备从事机电系统测试与控制的职业操作规范；67% ≤出勤率＜ 75%	1%

课堂表现考核评分标准 /分

课程目标	基本要求	90~100	80~89	70~79	60~69	< 60
目标 1 目标 2 目标 3 目标 4	在进行相关知识点学习时，按时上课，认真听讲，积极参与讨论，积极回答问题	在进行相关知识点学习时，认真听课，积极参与讨论并主动回答问题，回答正确	在进行相关知识点学习时，认真听课，积极参与讨论并主动回答问题，回答较正确	在进行相关知识点学习时，听课较认真，参与讨论和回答问题积极性较高，回答基本正确	在进行相关知识点学习时，听课较认真，参与讨论和回答问题不积极，回答基本正确	在进行相关知识点学习时，听课不认真，不参与讨论和回答问题，或回答错误

作业评分标准 /分

课程目标	基本要求	90~100	80~89	70~79	60~69	< 60
目标 1 目标 2 目标 3	在进行相关知识点学习时，按时交作业，解题过程正确、完整，逻辑性强，书写清晰，答案正确	在进行相关知识点学习时，按时交作业，解题过程正确、完整，逻辑性强，书写清晰，答案正确率≥ 90%	在进行相关知识点学习时，按时交作业，解题过程较正确、完整，逻辑性较强，书写清晰，答案正确率≥ 80%	在进行相关知识点学习时，解题过程基本正确、完整，答案正确率≥ 70%	在进行相关知识点学习时，解题过程存在错误，答案正确率≥ 60%	在进行相关知识点学习时，解题过程错误多，答案正确率<60%

随堂测试评分标准 /分

课程目标	基本要求	90~100	80~89	70~79	60~69	< 60
目标 1 目标 2 目标 3	在进行相关知识点学习时，按时参加随堂测试，保证正确率	在进行相关知识点学习时，按时参加随堂测试，正确率≥ 90%	在进行相关知识点学习时，按时参加随堂测试，80% ≤正确率 <90%	在进行相关知识点学习时，按时参加随堂测试，70% ≤正确率 <80%	在进行相关知识点学习时，按时参加随堂测试，60% ≤正确率 <70%	在进行相关知识点学习时，按时参加随堂测试且正确率 <60%，或缺席测试

期末考试评分标准 /分

课程目标	基本要求	评价标准/分					分值占比	备注
		90~100	80~89	70~79	60~69	＜60		
1	按时参加考试，保证试卷的正确率、书写清晰	在进行相关知识点答题时，解题过程正确完整，逻辑性强，正确率≥90%，书写清晰	在进行相关知识点答题时，解题过程较正确完整，逻辑性较强，正确率≥80%，书写清晰	在进行相关知识点答题时，解题过程基本正确，逻辑性较强，正确率≥70%	在进行相关知识点答题时，解题过程基本正确，正确率≥60%	在进行相关知识点答题时，解题过程错误较多，答案正确率＜60%	30%	简答题
2	按时参加考试，保证试卷的正确率、书写清晰	在进行相关知识点答题时，解题过程正确完整，逻辑性强，正确率≥90%，书写清晰	在进行相关知识点答题时，解题过程较正确完整，逻辑性较强，正确率≥80%，书写清晰	在进行相关知识点答题时，解题过程基本正确，逻辑性较强，正确率≥70%	在进行相关知识点答题时，解题过程基本正确，正确率≥60%	在进行相关知识点答题时，解题过程错误较多，答案正确率＜60%	30%	简答题
3	按时参加考试，保证试卷的正确率、书写清晰	在进行相关知识点答题时，解题过程正确完整，逻辑性强，正确率≥90%，书写清晰	在进行相关知识点答题时，解题过程较正确完整，逻辑性较强，正确率≥80%，书写清晰	在进行相关知识点答题时，解题过程基本正确，逻辑性较强，正确率≥70%	在进行相关知识点答题时，解题过程基本正确，正确率≥60%	在进行相关知识点答题时，解题过程错误较多，答案正确率＜60%	40%	分析计算题

上海理工大學

UNIVERSITY OF SHANGHAI FOR SCIENCE AND TECHNOLOGY

本科课程教学大纲

机械制造技术课程设计

（适用于专业课程）

制定日期：2022 年 6 月 10 日

一、课程基本信息

<table>
<tr><td rowspan="2">课程名称</td><td colspan="6">机械制造技术课程设计</td></tr>
<tr><td colspan="6">Course Exercise of mechanical manufacture technology</td></tr>
<tr><td>课程代码</td><td colspan="2">14100530</td><td>开课单位</td><td colspan="3">机械工程学院</td></tr>
<tr><td>课程负责人</td><td colspan="2">王艳</td><td>课程类别</td><td colspan="3">专业核心课</td></tr>
<tr><td>课程性质</td><td colspan="2">专业课</td><td>学分</td><td>2</td><td>学时</td><td>32</td></tr>
<tr><td>学时分配</td><td>理论</td><td>4</td><td>实验</td><td>28</td><td>上机</td><td>0</td></tr>
<tr><td>学习负荷</td><td colspan="6">教师授课 4 学时 + 学生实践 28 学时</td></tr>
<tr><td>教学团队</td><td colspan="6">王艳 江小辉 孙首群 倪卫华</td></tr>
<tr><td>授课语言</td><td colspan="6">中文</td></tr>
<tr><td>适用专业</td><td colspan="6">机械设计制造及其自动化</td></tr>
<tr><td>前修课程</td><td colspan="6">机械设计、机械工程材料基础、公差检测与技术测量、机械制造技术基础</td></tr>
<tr><td>后续支撑</td><td colspan="6">数控技术，精密加工技术</td></tr>
<tr><td>课程思政设计</td><td colspan="6">机械制造技术课程设计主要为实践设计，符合中国制造和大国工匠精神的内涵，因此要在实践教学过程中进一步凝练萃取机械制造技术课程的政治内核，培养大国工匠精神和制造强国精神，在实践教学中提升学生的政治认识，增强学生的国家荣誉感，建立专业知识能力与政治素养之间的联系</td></tr>
<tr><td colspan="7">课程简介</td></tr>
</table>

课程定位:《机械制造技术课程设计》是机械设计与制造专业进行岗位能力培养的一门核心课程，本课程针对机械专业人才需求组织教学内容，按照工作过程设计实践教学环节，为机械设计与制造岗位需求提供职业能力，为培养高素质、高端技能型专门人才提供保障。主要目标是能够综合运用已学知识，具有对机械产品、系统的设计能力，对解决方案进行设计计算和工艺选择及优化的能力

课程内容:

一、理论教学（课堂讲授 4 学时）

* 复习巩固机床夹具设计原理。讲述定位原理、定位方式、工件夹紧等

** 讲授夹具设计方法和步骤，夹具结构方案的思考和拟定，结构草图和夹具总图的绘制，有关尺寸和技术要求的理论教学（课堂讲授 4 学时）

* 复习巩固机床夹具设计原理。讲述定位原理、定位方式、工件夹紧等

** 讲授夹具设计方法和步骤，夹具结构方案的思考和拟定，结构草图和夹具总图的绘制，有关尺寸和技术要求的确定和正确标注，非标零件图的绘制

* 讲授夹具非标零件的机械加工工艺过程的拟定，编写课程设计说明书的要求，有关尺寸和技术要求的确定和正确标注，非标零件图的绘制

* 讲授夹具非标零件的机械加工工艺过程的拟定，编写课程设计说明书的要求

二、实验 / 实践教学（授课学时 28 学时）

指导学生熟悉指定零件及机械加工工艺过程，准备资料、手册等，思考和拟定夹具的结构方案并进行分析比较

* 指导学生绘制结构草图，查阅机床夹具设计手册和机械设计手册等

** 指导学生确定最终设计方案，绘制夹具总图

** 指导学生确定并标注有关尺寸和技术要求

** 指导学生根据已绘制的装配工作图，拆画绘制非标零件图。绘制零件图时，强调表达方法的选择、尺寸和技术要求的正确标注，领会零件技术要求的实际意义

续表

课程简介
* 指导学生拟定夹具非标零件的机械加工工艺过程 * 指导学生编写课程设计说明书，打印工程图纸 答辩 注：重点掌握（**），掌握（*） 核心学习成效： 机械制造技术课程设计是一门实践性很强的课程，学习过程中不仅要求学生通过之前掌握的基础理论知识，运用到机械制造工艺规程制订和专用夹具的设计中，而且需要一定的对于生产现场的认识和生产实践的体验，这些都是目前教学所缺乏的。尤其是在思想层面，目前注重专业知识的传授，忽视了正确的政治理念和社会责任的培养，通过课程思政的建设，凝练机械制造技术课程设计中的大学生社会责任和社会担当，培养政治正确、理念先进、技术过硬的综合型和应用型人才 教学方法： “新工科”人才培养，基于产出导向的理念，采用丰富的教学方式和教学方法，OBE 与课程思政相融合，实现以德育人 主要的教学方式是线上线下混合式教学方式，线上采用资料、视频、动画等资源，让学生实现自主学习、任务分配、资料收集。线下主要是理论指导、现场实物教学、设计方案指导等。围绕“以学生为中心”的理念与宗旨，最终实现本课程在本科人才培养中所发挥的实际效用，提高学生的工程实践能力以及创新能力

二、课程目标

目标	课程目标	支撑毕业要求指标点	毕业要求
1	能根据零件设计要求正确地选择各种加工设备，如机床、刀具、夹具等，能正确地选择各种切削参数，并采用合适的、先进的加工方法对零件进行工艺规程设计和专用工序的夹具设计，利用合理的设计方案优化课题设计，将分析的结果与工匠精神的内涵进行对照说明，调动学生主动学习的积极性，使学生积极思考，逐渐培养工匠精神	支撑毕业要求 3.3	3 设计 / 开发解决方案 3.3 能够进行机电系统和工艺流程设计，并体现创新意识
2	在机械产品设计与制造过程中，理解环境保护和社会可持续发展的意义和内涵	支撑毕业要求 7.1	7 环境和可持续发展 7.1 理解环境保护和社会可持续发展的意义和内涵
3	能根据机械产品的全生命周期分析，采用绿色制造、循环利用、面向能源利用与环境保护的产品设计与制造方法，实现可持续发展，致力于完成中国从工业大国到工业强国的转型	支撑毕业要求 7.2	7 环境和可持续发展 7.2 能正确认识和评价机械领域复杂工程问题的机械产品在制造、使用等全生命周期对环境和社会可持续发展的影响
4	能通过外文文献或行业国内外专家沟通和交流，了解机械制造领域最新发展状况与前沿进展，体现最新的产品设计与制造理念	支撑毕业要求 10.1	10 沟通 10.1 了解机械工程专业领域的国际发展趋势、研究热点，能够就机械领域复杂工程问题与业界同行及社会公众进行有效沟通和交流
5	能够根据相关专业知识从多种角度对机械产品的不同精度与不同加工方法进行技术经济性分析，并对多个方案进行决策，选择最优加工方案	支撑毕业要求 11.2	11 项目管理 11.2 能够有效分析与评价机械工程项目的技术经济性，并从多学科角度运用机械工程项目管理与经济决策方法做出合理的决策

三、教学内容

<table>
<tr><th>教学模块</th><th>教学内容</th><th>学生学习预期成果</th><th>教学方式</th><th>支撑的课程目标</th></tr>
<tr><td>理论教学</td><td>1. 教学内容:
讲授夹具设计方法和步骤、夹具结构方案的拟定、结构草图和夹具总图的绘制，非标零件图的绘制、机械加工工艺过程的拟定，编写设计说明书的要求
2. 教学重点:
① 零件工艺规程的制订
② 专用夹具的设计
3. 教学难点:
① 零件工艺规程的制订
② 专用夹具的设计
4. 课程思政:
我国提出了《中国制造 2025》战略，致力于完成中国从工业大国到工业强国的转型。中国要成为工业强国，必须有过硬的工业技术，与全球领先的装备制造企业相比，中国企业不缺技术，而是缺少一种工匠精神，如果不唤起工匠精神，中国就谈不上成为世界制造强国</td><td>学习零件加工工艺规程的制订与专用夹具的设计</td><td>1. 教师
线上：案例学习
线下：组内研讨
2. 思政教学
典型零件加工工艺视频学习</td><td>目标 1
目标 4</td></tr>
<tr><td>实践教学 1</td><td>1. 教学内容:
零件各加工面加工方案的比较，考虑先进制造与绿色制造，采用先进的加工方法，并对加工经济性进行方案比较
2. 教学重点:
① 零件工艺规程的制订
② 切削参数的选择
3. 教学难点:
零件工艺规程的制订
4. 课程思政:
要想真正提高和保证产品质量，提高劳动生产率，降低成本，提高效益，真正参与市场竞争，提高竞争力，必须采用越来越先进、越来越自动化、越来越可靠和完美的设备与加工方法。哪个国家是设备制造强国，无疑其机械制造技术水平也就越高</td><td>对典型零件进行工艺规程的制订，并考虑可持续发展，采用先进制造与绿色制造方法，并对不同加工方案的经济性进行分析</td><td>1. 教师
线上：轴零件加工工艺规程案例视频学习
线下：组内研讨，查阅网络与文献
2. 思政教学
线上自主学习
3. 学生</td><td>目标 1
目标 2
目标 3
目标 5</td></tr>
<tr><td>实践教学 2</td><td>1. 教学内容:
针对关键工序进行专用夹具的设计
2. 教学重点:
关键工序卡的制订
3. 教学难点:
关键工序卡的制订
4. 课程思政:
“没有规矩，不成方圆”，就是说，无论做什么事都要有一个规矩，否则就什么也做不成。零件的加工精度全靠机床夹具的定位精度来保证，所以机床的夹具设计是非常重要的工艺环节</td><td>对关键工序进行专用夹具设计，对不同定位方案进行比较分析，制订工序卡</td><td>1. 教师:
线上：夹具案例视频学习
线下：组内研讨，查阅网络与文献，现场实物讲解
2. 思政教学:
线上自主学习
3. 学生</td><td>目标 1
目标 4</td></tr>
</table>

续表

教学模块	教学内容	学生学习预期成果	教学方式	支撑的课程目标
实践教学 3	1. 教学内容: 撰写课程设计说明书 2. 教学重点: ① 定位误差的计算 ② 夹紧力的计算 ③ 工艺尺寸链的计算 3. 教学难点: 定位误差的计算	对定位误差、夹紧力以及必要的尺寸链进行计算	1. 教师 线上：根据发布资料自行学习 线下：组内研讨，查阅网络与文献， 2. 思政教学: 线上自主学习 3. 学生	目标 1

四、教材与学习资源

课程教材	任家隆．机械制造工艺及专用夹具设计指导书 [M]. 北京：高等教育出版社，2014.
参考书目	[1] 上海柴油机厂工艺设备研究所．金属切削机床夹具设计手册 [M]. 北京：机械工业出版社，1991. [2] 孟宪栋，刘彤安．机床夹具设计图册 [M]. 北京：机械工业出版社，1992. [3] 浦林祥．金属切削机床夹具设计手册 [M]. 北京：机械工业出版社，1995. [4] 吴宗泽．机械零件设计手册 [M]. 北京：机械工业出版社，2004. [5] 数字化手册编委会．机械设计手册（新编软件版）[M]. 北京：化学工业出版社，2008.

五、教学进程安排

（一）理论教学部分

教学进程	学时	教学内容
1	2	教学内容：讲解典型零件工艺规程的制订
		作业内容：复习典型零件工艺规程的制订（支撑课程目标 1、2）
2	2	教学内容：讲授夹具设计方法和步骤、夹具结构方案的拟定、结构草图和夹具总图的绘制，非标零件图的绘制、机械加工工艺过程的拟定，编写设计说明书的要求
		作业内容：复习典型钻床夹具、车床夹具、铣床夹具的结构方案设计（支撑课程目标 1、3）

（二）实践教学部分

实践内容	教学进程	学时	教学内容
根据设计任务书进行工艺规程制订与专用夹具设计	1	2	教学内容：指导学生熟悉指定零件及机械加工工艺过程，准备资料、手册等
			作业内容：组内讨论，考虑零件的加工工艺方案（支撑课程目标 3）
	2	2	教学内容：指导学生制订零件加工工艺规程
			作业内容：确定各加工面的加工方法与切削用量，考虑可持续发展与先进制造方法，并对多个加工方案进行比较（支撑课程目标 1、4）
	3	2	教学内容：指导学生制订零件加工工艺规程
			作业内容：制订零件加工工艺过程与工艺规程（支撑课程目标 1、2）

续表

实践内容	教学进程	学时	教学内容
根据设计任务书进行工艺规程制订与专用夹具设计	4	2	教学内容：拟定夹具的结构方案并进行分析比较，指导学生绘制结构草图，查阅机床夹具设计手册和机械设计手册等
			作业内容：确定零件的定位、夹紧方案，绘制结构草图（支撑课程目标 1、3）
	5	2	教学内容：指导学生确定夹具的最终设计方案
			作业内容：确定最终设计方案（支撑课程目标 1）
	6	2	教学内容：指导绘制夹具总图
			作业内容：绘制夹具总图（支撑课程目标 1）
	7	2	教学内容：指导学生确定并标注有关尺寸和技术要求
			作业内容：确定并标注有关尺寸和技术要求（支撑课程目标 1）
	8	2	教学内容：指导学生根据已绘制的装配工作图，拆画绘制非标零件图——夹具体
			作业内容：拆画夹具体（支撑课程目标 1）
	9	2	教学内容：拆画绘制非标零件图——夹具体，绘制零件作图时，强调表达方法的选择、尺寸和技术要求的正确标注，领会零件技术要求的实际意义
			作业内容：拆画夹具体（支撑课程目标 1）
	10	2	教学内容：指导学生拆画另一非标零件
			作业内容：拆画另一非标零件（支撑课程目标 1）
	11	2	教学内容：指导学生编写课程设计说明书
			作业内容：编写课程设计说明书，进行必要的计算与方案比较（支撑课程目标 1）
	12	2	教学内容：指导学生编写课程设计说明书
			作业内容：编写课程设计说明书，进行定位误差计算（支撑课程目标 1）
	13	2	教学内容：指导学生编写课程设计说明书
			作业内容：编写课程设计说明书，进行夹紧力计算与方案比较（支撑课程目标 1）
	14	2	教学内容：答辩
			作业内容：对设计结果进行呈现（支撑课程目标 3）

注：教学进程可按教学周数制定，教师可根据实际教学要求添加或删除表格行数。

六、课程考核

课程目标	评价环节						分值占比
	过程评价（平时）		评阅评价		答辩内容		
	考核内容	分值	考核内容	分值	考核内容	分值	
课程目标 1			图纸	56			56
课程目标 2	课堂表现	5					5
课程目标 3	课堂表现	5	学习态度	5			10
课程目标 4	答疑	5			答辩	10	15
课程目标 5			说明书	14			14
合计		15		75		10	100

期末考试资格
实践类课程，无期末考试
期末考试形式
□闭卷笔试 □开卷 / 半开卷 □小论文 □报告 □口试 □作品 □口笔试兼用 □上机 □技能操作 ■其他（请注明） 图纸与说明书

附件：各类考核评分标准表

大纲制定：王艳
大纲审核：丁晓红
制定单位：机械工程学院
制定日期: 2022 年 6 月 10 日

附件：各类考核评分标准表

机械制造技术课程设计评分标准

/分

课程目标	基本要求	90~100	80~89	70~79	60~69	< 60	比例/%
课程目标1	掌握机电系统和工艺流程设计方法，能根据零件设计要求正确地选择各种加工设备，如机床、刀具、夹具，能正确地选择各种切削参数，并采用合适的、先进的加工方法对零件进行工艺规程设计和专用工序的夹具设计，利用合理的设计方案优化课题设计	熟练掌握工艺流程设计方法，熟知并掌握各种设备的选择方法，熟悉工艺流程制订方法，熟练掌握夹具设计方法，能准确表达和描述机械领域复杂工程问题，产品设计图纸正确、规范，工艺规程正确合理，计算正确，说明书内容详细，撰写格式规范，内容编排清晰，正确地描述设计思路与设计结果	准确掌握工艺流程设计方法，掌握各种设备的选择方法，熟悉工艺流程制订方法，掌握夹具设计方法，能准确表达和描述机械领域复杂工程问题，产品设计图纸正确、规范，工艺规程合理，计算正确，说明书内容详细，撰写格式规范，内容编排清晰，正确地描述设计思路与设计结果	掌握工艺流程设计方法，掌握各种设备的选择方法，熟悉工艺流程制订方法，掌握夹具设计方法，能利用机械制造相关知识表达机械领域复杂工程问题，能准确表达和描述机械领域复杂工程问题，产品设计图纸正确、规范，工艺规程比较合理，计算相对正确，说明书内容比较详细，撰写格式相对规范，内容编排相对清晰，能够描述出设计思路与设计结果	基本掌握工艺流程设计方法，基本掌握各种设备的选择方法，熟悉工艺流程制订方法，基本掌握夹具设计方法，基本能利用机械制造相关知识表达机械领域复杂工程问题，能相对准确表达和描述机械领域复杂工程问题，产品设计图纸比较规范，工艺规程有些问题，计算有部分出错，说明书内容不够详细，有部分错误，撰写格式不太规范，内容编排不够清晰，不能正确地描述设计思路与设计结果	未掌握工艺流程设计方法，未掌握各种设备的选择方法，不熟悉工艺流程制订方法，未掌握夹具设计方法，不能利用机械制造相关知识表达机械领域复杂工程问题，不能表达和描述机械领域复杂工程问题，产品设计图纸不对，工艺规程不合理，说明书内容不够详细，并有很多错误，撰写格式不太规范，内容不够详细，出现计算错误，不能正确地描述设计思路与设计结果	56
课程目标2	在机械产品设计与制造过程中，能理解环境保护和社会可持续发展的意义和内涵	在机械产品设计与制造过程中，能理解环境保护和社会可持续发展的意义和内涵。非常熟悉绿色制造、循环利用、面向能源利用与环境保护的产品设计与制造方法，实现可持续发展；出勤率 ≥ 95%，认真听课，踊跃发言，回答问题正确	在机械产品设计与制造过程中，能理解环境保护和社会可持续发展的意义和内涵。熟悉绿色制造、循环利用、面向能源利用与环境保护的产品设计与制造方法，实现可持续发展；出勤率 ≥ 95%，认真听课，发言不够积极，回答问题正确	在机械产品设计与制造过程中，能理解环境保护和社会可持续发展的意义和内涵。比较熟悉绿色制造、循环利用、面向能源利用与环境保护的产品设计与制造方法，实现可持续发展；85% ≤ 出勤率 < 95%，认真听课，发言不够积极，能正确回答大部分问题	在机械产品设计与制造过程中，基本理解环境保护和社会可持续发展的意义和内涵。了解绿色制造、循环利用、面向能源利用与环境保护的产品设计与制造方法，实现可持续发展；75% ≤ 出勤率 < 85%，一般能认真听课，很少发言，只能正确回答少部分问题	在机械产品设计与制造过程中，不能理解环境保护和社会可持续发展的意义和内涵。不了解绿色制造、循环利用、面向能源利用与环境保护的产品设计与制造方法；67% ≤ 出勤率 < 75%，不认真听课，不发言，不能正确回答问题	5

续表

课程目标	基本要求	90~100	80~89	70~79	60~69	< 60	比例/%
课程目标3	掌握机械产品的全生命周期分析方法，能够采用绿色制造、循环利用、面向能源利用与环境保护的产品设计与制造方法，实现可持续发展	熟悉机械产品的全生命周期分析方法，熟练采用绿色制造、循环利用、面向能源利用与环境保护的产品设计与制造方法，实现可持续发展；并能正确综合运用相关知识和分析方法，解决机械工程领域的相关实际问题，出勤率≥95%，认真听课，踊跃发言，回答问题正确	正确掌握机械产品的全生命周期分析方法，正确掌握绿色制造、循环利用、面向能源利用与环境保护的产品设计与制造方法，实现可持续发展；并能正确综合运用相关知识和分析方法，解决机械工程领域的相关实际问题，出勤率≥95%，认真听课，发言不够积极，回答问题正确	掌握机械产品的全生命周期分析方法，掌握绿色制造、循环利用、面向能源利用与环境保护的产品设计与制造方法，实现可持续发展；并能合理综合运用相关知识和分析方法，解决机械工程领域的相关实际问题，85%≤出勤率＜95%，认真听课，发言不够积极，能正确回答大部分问题	基本掌握机械产品的全生命周期分析方法，基本掌握绿色制造、循环利用、面向能源利用与环境保护的产品设计与制造方法，实现可持续发展；并能运用相关知识和分析方法，解决机械工程领域的相关实际问题，75%≤出勤率＜85%，一般能认真听课，很少发言，只能正确回答少部分问题	未掌握机械产品的全生命周期分析方法，未掌握绿色制造、循环利用、面向能源利用与环境保护的产品设计与制造方法；不能正确综合运用相关知识和分析方法，解决机械工程领域的相关实际问题，67%≤出勤率＜75%，不认真听课，不发言，不能正确回答问题	10
课程目标4	能通过外文文献或行业国内外专家沟通和交流，了解机械制造领域最新发展状况与前沿进展，体现最新的产品设计与制造理念	能熟练通过外文文献或行业国内外专家沟通和交流，熟悉机械制造领域最新发展状况与前沿进展，体现最新的产品设计与制造理念；正确表达机械设计过程中的关键问题，对设计内容在课后与老师通过各种平台进行积极交流、答疑，并能提出自己的创新的设计思路	能熟练通过外文文献或行业国内外专家沟通和交流，熟悉机械制造领域最新发展状况与前沿进展，体现最新的产品设计与制造理念；正确表达机械设计过程中的关键问题，对设计内容在课后与老师通过各种平台进行交流、答疑，并能提出自己的设计思路	能够通过外文文献或行业国内外专家沟通和交流，了解机械制造领域最新发展状况与前沿进展，体现最新的产品设计与制造理念；正确表达机械设计过程中的关键问题，对设计内容在课后与老师通过各种平台进行交流、答疑，很少提出自己的创新的设计思路	基本能够通过外文文献或行业国内外专家沟通和交流，了解机械制造领域最新发展状况与前沿进展，体现最新的产品设计与制造理念；会表达机械设计过程中的关键问题，对设计内容在课后与老师通过各种平台进行很少的交流、答疑，没有设计思路，只能被动听老师的建议	不能通过外文文献或行业国内外专家沟通和交流，不熟悉机械制造领域最新发展状况与前沿进展；无法表达机械设计过程中的关键问题，对设计内容在课后没有与老师通过各种平台进行沟通，没有设计思路	15
课程目标5	能够根据相关专业知识从多种角度对机械产品的不同精度与不同加工方法进行技术经济性分析，并对多个方	能够非常熟练地根据相关专业知识从多种角度对机械产品的不同精度与不同加工方法进行非常详细的技术经	能够熟练根据相关专业知识从多种角度对机械产品的不同精度与不同加工方法进行详细的技术经济性分析，	能够根据相关专业知识对机械产品的不同精度与不同加工方法进行比较详细的技术经济性分析，并对多个方	能够相对熟悉地根据相关专业知识对机械产品的不同精度与不同加工方法进行一般的技术经济性分析，并对	不能够根据相关专业知识从多个角度对机械产品的不同精度与不同加工方法进行技术经济性分析，并对多个	14

续表

课程目标	基本要求	90~100	80~89	70~79	60~69	< 60	比例/%
课程目标5	案进行决策，选择最优加工方案	济性分析，并对多个方案进行决策，选择最优加工方案	并对多个方案进行计算与决策，选择最优加工方案	案进行比较判断，选择相对合适的加工方案	多个方案进行决策，决策过程不够详细，能够选择相对合适的加工方案	方案进行决策，选择最优加工方案	14

（1）答疑评分标准

答疑得分按 5% 的比例计入总成绩。

答疑考核项评分标准

/分

课程目标	基本要求	90~100	80~89	70~79	60~69	< 60	比例/%
4	能通过外文文献或行业国内外专家沟通和交流，了解机械制造领域最新发展状况与前沿进展，体现最新的产品设计与制造理念	能熟练通过外文文献或行业国内外专家沟通和交流，熟悉机械制造领域最新发展状况与前沿进展，体现最新的产品设计与制造理念；正确表达机械设计过程中的关键问题，对设计内容在课后与老师通过各种平台进行积极交流、答疑，并能提出自己的创新的设计思路	能熟练通过外文文献或行业国内外专家沟通和交流，熟悉机械制造领域最新发展状况与前沿进展，体现最新的产品设计与制造理念；正确表达机械设计过程中的关键问题，对设计内容在课后与老师通过各种平台进行积极交流、答疑，并能提出自己的设计思路	能够通过外文文献或行业国内外专家沟通和交流，了解机械制造领域最新发展状况与前沿进展，体现最新的产品设计与制造理念；正确表达机械设计过程中的关键问题，对设计内容在课后与老师通过各种平台进行交流、答疑，很少提出自己的创新的设计思路	能够基本通过外文文献或行业国内外专家沟通和交流，了解机械制造领域最新发展状况与前沿进展，体现最新的产品设计与制造理念；会表达机械设计过程中的关键问题，对设计内容在课后与老师通过各种平台进行很少的交流、答疑，没有设计思路，只能被动听老师的建议	不能通过外文文献或行业国内外专家沟通和交流，不熟悉机械制造领域最新发展状况与前沿进展；无法表达机械设计过程中的关键问题，对于设计内容，在课后没有与老师通过各种平台进行沟通，没有设计思路	5

（2）课堂表现评分标准

课堂表现得分按 10% 的比例计入总成绩。

课堂表现考核项评分标准

/分

课程目标	基本要求	90~100	80~89	70~79	60~69	< 60	比例/%
2	在机械产品设计与制造过程中，能理解环境保护和社会可持续发展的意义和内涵	在机械产品设计与制造过程中，能理解环境保护和社会可持续发展的意义和内涵。非常熟悉	在机械产品设计与制造过程中，能理解环境保护和社会可持续发展的意义和内涵。熟悉绿色	在机械产品设计与制造过程中，能理解环境保护和社会可持续发展的意义和内涵。	在机械产品设计与制造过程中，能理解环境保护和社会可持续发展的意义和内涵。	在机械产品设计与制造过程中，不能理解环境保护和社会可持续发展的意义和内	5

续表

课程目标	基本要求	90~100	80~89	70~79	60~69	< 60	比例/%
2	在机械产品设计与制造过程中，能理解环境保护和社会可持续发展的意义和内涵	绿色制造、循环利用、面向能源利用与环境保护的产品设计与制造方法，实现可持续发展；认真听课，每次的小组方案汇报与讨论时与老师积极互动，积极回答老师的问题，回答问题正确	制造、循环利用、面向能源利用与环境保护的产品设计与制造方法，实现可持续发展；认真听课，与老师积极互动，每次的小组方案汇报与讨论时都主动回答老师的问题，回答问题正确	比较熟悉绿色制造、循环利用、面向能源利用与环境保护的产品设计与制造方法，实现可持续发展；认真听课，在小组方案汇报与讨论时发言不够积极，能回答老师的提问，回答问题部分正确	了解绿色制造、循环利用、面向能源利用与环境保护的产品设计与制造方法，实现可持续发展；一般能认真听课，在每次的小组方案汇报与讨论时很少主动回答老师的问题，回答问题部分正确	涵。不了解绿色制造、循环利用、面向能源利用与环境保护的产品设计与制造方法；不认真听课，每次的小组方案汇报与讨论时不发言，不主动回答老师的问题，不能正确回答问题	5
3	掌握机械产品的全生命周期分析方法，能够采用绿色制造、循环利用、面向能源利用与环境保护的产品设计与制造方法，实现可持续发展	熟悉机械产品的全生命周期分析方法，熟练采用绿色制造、循环利用、面向能源利用与环境保护的产品设计与制造方法，实现可持续发展；并能正确综合运用相关知识和分析方法，解决机械工程领域的相关实际问题，认真听课，每次的小组方案汇报与讨论时与老师积极互动，积极回答老师的问题，回答问题正确	正确掌握机械产品的全生命周期分析方法，正确掌握绿色制造、循环利用、面向能源利用与环境保护的产品设计与制造方法，实现可持续发展；并能正确综合运用相关知识和分析方法，解决机械工程领域的相关实际问题，认真听课，与老师积极互动，每次的小组方案汇报与讨论时都主动回答老师的问题，回答问题正确	掌握机械产品的全生命周期分析方法，掌握绿色制造、循环利用、面向能源利用与环境保护的产品设计与制造方法，实现可持续发展；并能合理综合运用相关知识和分析方法，解决机械工程领域的相关实际问题，认真听课，在小组方案汇报与讨论时发言不够积极，能回答老师的提问，回答问题部分正确	基本掌握机械产品的全生命周期分析方法，基本掌握绿色制造、循环利用、面向能源利用与环境保护的产品设计与制造方法，实现可持续发展；并能运用相关知识和分析方法，解决机械工程领域的相关实际问题，一般能认真听课，在每次的小组方案汇报与讨论时很少主动回答老师的问题，回答问题部分正确	未掌握机械产品的全生命周期分析方法，未掌握绿色制造、循环利用、面向能源利用与环境保护的产品设计与制造方法；不能正确综合运用相关知识和分析方法，解决机械工程领域的相关实际问题，不认真听课，每次的小组方案汇报与讨论时不发言，不主动回答老师的问题，不能正确回答问题	5

（3）学习态度评分标准

学习态度得分按 5% 的比例计入总成绩。

学习态度考核项评分标准 /分

课程目标	基本要求	90~100	80~89	70~79	60~69	< 60	比例/%
3	在设计过程中，按时出	在设计过程中，按时出勤，	在设计过程中，按时出勤，	在设计过程中，缺勤次数	在设计过程中，缺勤次数	在设计过程中，缺勤次数	5

续表

课程目标	基本要求	90~100	80~89	70~79	60~69	< 60	比例/%
3	勤，能够积极跟老师与同学探讨夹具设计方案，勤于思考，能提出多个工艺方案进行比较。能积极主动解决遇到的学习问题	能够积极跟老师与同学探讨夹具设计方案，勤于思考，能提出多个工艺方案进行比较。能积极主动解决遇到的学习问题	能够积极跟老师与同学探讨夹具设计方案，能提出至少两个工艺方案进行比较。能积极跟老师交流遇到的学习问题，并按老师提出的意见进行查阅资料进行学习	较少，能够比较积极地跟老师讨论夹具设计方案，能提出两个工艺方案进行比较。遇到学习问题愿意求助老师，并按老师提出的意见进行查阅资料进行学习	较多，在老师的督促下，能够比较积极地跟老师讨论夹具设计方案，在老师提示下，能提出两个工艺方案进行比较。遇到学习问题愿意求助老师，并愿意按照老师提出的意见进行查阅资料进行学习，效果一般	较多，不跟老师与同学交流，不能提出多个工艺方案进行比较。不能主动解决遇到的学习问题	5

（4）答辩评分标准

答辩得分情况按 10% 的比例计入总成绩。

答辩考核项评分标准

/分

课程目标	基本要求	90~100	80~89	70~79	60~69	< 60	比例/%
4	能通过外文文献或行业国内外专家沟通和交流，了解机械制造领域最新发展状况与前沿进展，体现最新的产品设计与制造理念	能熟练通过外文文献或行业国内外专家沟通和交流，熟悉机械制造领域最新发展状况与前沿进展，体现最新的产品设计与制造理念；正确表达机械设计过程中的关键问题，能正确展示自己的设计内容，流利表述自己的设计思想与结果，思路清晰，论述清楚	能熟练通过外文文献或行业国内外专家沟通和交流，熟悉机械制造领域最新发展状况与前沿进展，体现最新的产品设计与制造理念；正确表达机械设计过程中的关键问题，能正确展示自己的设计内容，流利表述自己的设计思想与结果，思路比较清晰，论述比较清楚	能够通过外文文献或行业国内外专家沟通和交流，了解机械制造领域最新发展状况与前沿进展，体现最新的产品设计与制造理念；正确表达机械设计过程中的关键问题，能完整展示自己的设计内容，正确表述自己的设计思想与结果，思路较清晰，论述较清楚	能够基本通过外文文献或行业国内外专家沟通和交流，了解机械制造领域最新发展状况与前沿进展，体现最新的产品设计与制造理念；会表达机械设计过程中的关键问题，能展示部分自己的设计内容，比较准确表述自己的设计思想与结果，思路不够清晰，论述不够清楚	不能通过外文文献或行业国内外专家沟通和交流，不熟悉机械制造领域最新发展状况与前沿进展，体现最新的产品设计与制造理念；无法表达机械设计过程中的关键问题，不能展示自己的设计内容，不能表述自己的设计思想与结果，思路不清晰，论述不清楚	10

（5）图纸评分标准

图纸得分按 56% 的比例计入总成绩。

图纸考核项评分标准 /分

课程目标	基本要求	90~100	80~89	70~79	60~69	< 60	比例/%
1	掌握机电系统和工艺流程设计方法，能根据零件设计要求正确地选择各种加工设备，如机床、刀具、夹具，能正确地选择各种切削参数，并采用合适的、先进的加工方法对零件进行工艺规程设计和专用工序的夹具设计，利用合理的设计方案优化课题设计	熟练掌握工艺流程设计方法，熟知并掌握各种设备的选择方法，熟悉工艺流程制订方法，熟练掌握夹具设计方法，能准确表达和描述机械领域复杂工程问题，产品设计图纸正确、规范，工艺规程正确合理，计算正确，说明书内容详细，撰写格式规范，内容编排清晰，正确地描述设计思路与设计结果	准确掌握工艺流程设计方法，掌握各种设备的选择方法，熟悉工艺流程制订方法，掌握夹具设计方法，能准确表达和描述机械领域复杂工程问题，产品设计图纸正确、规范，工艺规程合理，计算正确，说明书内容详细，撰写格式规范，内容编排清晰，正确地描述设计思路与设计结果	掌握工艺流程设计方法，掌握各种设备的选择方法，熟悉工艺流程制订方法，掌握夹具设计方法，能利用机械制造相关知识表达机械领域复杂工程问题，能准确表达和描述机械领域复杂工程问题，产品设计图纸正确、规范，工艺规程比较合理，计算相对正确，说明书内容比较详细，撰写格式相对规范，内容编排相对清晰，能够描述出设计思路与设计结果	基本掌握工艺流程设计方法，基本掌握各种设备的选择方法，熟悉工艺流程制订方法，基本掌握夹具设计方法，基本能利用机械制造相关知识表达机械领域复杂工程问题，能相对准确表达和描述机械领域复杂工程问题，产品设计图纸比较规范，工艺规程有些问题，计算有部分出错，说明书内容不够详细，有部分错误，撰写格式不太规范，内容编排不够清晰，不能正确地描述设计思路与设计结果	未掌握工艺流程设计方法，未掌握各种设备的选择方法，不熟悉工艺流程制订方法，未掌握夹具设计方法，不能利用机械制造相关知识表达机械领域复杂工程问题，不能相对表达和描述机械领域复杂工程问题，产品设计图纸不对，工艺规程不合理，说明书内容不够详细，并有很多错误，撰写格式不太规范，内容不够详细，出现计算错误，不能正确地描述设计思路与设计结果	56

（6）说明书评分标准

说明书得分按 14% 的比例计入总成绩。

说明书考核项评分标准 /分

课程目标	基本要求	90~100	80~89	70~79	60~69	< 60	比例/%
5	掌握机械产品的全生命周期分析方法，能够采用绿色制造、循环利	熟悉机械产品的全生命周期分析方法，熟练采用绿色制造、循环利	正确掌握机械产品的全生命周期分析方法，正确掌握绿色制造、循	掌握机械产品的全生命周期分析方法，掌握绿色制造、循环利用、面	基本掌握机械产品的全生命周期分析方法，基本掌握绿色制造、循	未掌握机械产品的全生命周期分析方法，未掌握绿色制造、循环利用、	14

续表

课程目标	基本要求	90~100	80~89	70~79	60~69	< 60	比例/%
5	用、面向能源利用与环境保护的产品设计与制造方法，实现可持续发展	用、面向能源利用与环境保护的产品设计与制造方法，实现可持续发展；并能正确综合运用相关知识和分析方法，解决机械工程领域的相关实际问题，认真听课，与老师积极互动，积极回答老师的问题，回答问题正确	环利用、面向能源利用与环境保护的产品设计与制造方法，实现可持续发展；并能正确综合运用相关知识和分析方法，解决机械工程领域的相关实际问题，认真听课，与老师积极互动，主动回答老师的问题，回答问题正确	向能源利用与环境保护的产品设计与制造方法，实现可持续发展；并能合理综合运用相关知识和分析方法，解决机械工程领域的相关实际问题，认真听课，发言不够积极，能回答老师的提问，回答问题部分正确	环利用、面向能源利用与环境保护的产品设计与制造方法，实现可持续发展；并能运用相关知识和分析方法，解决机械工程领域的相关实际问题，一般能认真听课，很少主动回答老师的问题，回答问题部分正确	面向能源利用与环境保护的产品设计与制造方法；不能正确综合运用相关知识和分析方法，解决机械工程领域的相关实际问题，不认真听课，不发言，不主动回答老师的问题，不能正确回答问题	14

上海理工大學

UNIVERSITY OF SHANGHAI FOR SCIENCE AND TECHNOLOGY

本科课程教学大纲

毕业设计

（适用于专业课程）

制定日期：2022 年 6 月 10 日

一、课程基本信息

<table>
<tr><td rowspan="2">课程名称</td><td colspan="7">毕业设计</td></tr>
<tr><td colspan="7">Graduation Design</td></tr>
<tr><td>课程代码</td><td colspan="2">14100010</td><td colspan="2">开课单位</td><td colspan="3">机械工程学院</td></tr>
<tr><td>课程负责人</td><td colspan="2">王新华</td><td colspan="2">课程类别</td><td colspan="3">实践类课程</td></tr>
<tr><td>课程性质</td><td colspan="2">专业课程</td><td>学分</td><td>14</td><td>学时</td><td colspan="2">224</td></tr>
<tr><td>学时分配</td><td>理论</td><td>由课题确定</td><td>实验</td><td>由课题确定</td><td>上机</td><td colspan="2">由课题确定</td></tr>
<tr><td>学习负荷</td><td colspan="7">根据课题由指导教师确定</td></tr>
<tr><td>教学团队</td><td colspan="7">王新华 钱炜 丁晓红</td></tr>
<tr><td>授课语言</td><td colspan="7">中文</td></tr>
<tr><td>适用专业</td><td colspan="7">机械设计制造及其自动化</td></tr>
<tr><td>前修课程</td><td colspan="7">必须修完培养方案中规定的通识课程、专业基础课程、专业课程，修满规定的学分</td></tr>
<tr><td>后续支撑</td><td colspan="7">无</td></tr>
<tr><td>课程思政设计</td><td colspan="7">以课程思政与OBE相融合的理念开展毕业设计，以企业为平台，以项目为抓手，将爱国情怀、职业素养、创新意识、自主能力、工匠精神、协作能力、团队意识、工程素养与工程伦理等思政元素，无缝嵌入毕业设计之中，实现以德育人目标</td></tr>
<tr><td colspan="8">课程简介</td></tr>
<tr><td colspan="8">课程定位：“毕业设计”是高等学校人才培养计划中的重要组成部分，是教学过程中最后一个重要的教学环节，是人才培养质量的重要体现。课程的任务是使学生综合运用大学四年所学习的基本理论和专业知识，对实际的工程产品或项目进行设计，达到熟练设计机械产品、解决复杂工程问题的目的
课程内容：课程包括理论教学指导部分，分三阶段进行：毕业设计选题阶段、毕业设计论文阶段和毕业设计答辩环节，通过以上环节逐步推进毕业设计，指导教师负责指导、答疑与核查工作，学生负责实施工作，最终完成毕业设计；实验和上机环节根据课题的需要由指导教师合理安排。另外，毕业设计对论文内容与结构进行规范化，对论文的篇幅提出要求
核心学习成效：通过毕业设计，学生能用符合国家标准的工程图纸呈现设计成果；借助文献调研并综合应用所学本专业知识确定毕业设计的研究方案，进行设计方案的计算、选型以及工艺选择及优化；能够借助现代工具或实验手段，对设计方案进行验证，得到合理的结论；能在毕业设计的各个阶段，针对毕业设计选题与指导教师、业界同行、专家等进行有效沟通和交流，清楚地表达设计理念、进展和成果；能够通过自主学习进行毕业论文国内外研究现状的调研，对机械工程的发展进行预判，培养分析和解决实际问题的能力和独立工作的能力；能通过不断学习和终身学习，适应社会和市场的变化，不断改进和优化机械工程问题的解决方案，形成自主学习和终身学习的意识；能熟练运用AutoCAD、Solidworks等现代化工具完成毕业设计工程图纸的绘制；根据毕业设计内容的要求，能熟练运用Ansys等有限元软件对设计方案进行运动学、动力学仿真和方案论证和优化等工作
教学方法：课程基于OBE与课程思政相融合的理念，采用丰富多样的教学方式和教学方法，实现以德育人
主要的教学方式是线上线下混合式教学方式，线上采用资料、视频、动画、微课等资源，让学生实现自主学习，任务分配、资料收集、多数指导、阶段资料均在线上完成；线下主要是理论指导、上机指导、实验指导，指导项目重点、难点及项目引导</td></tr>
</table>

二、课程目标

目标	课程目标	支撑毕业要求指标点	毕业要求
1	能从影响课题的多种因素中找出影响课题的关键因素，利用合理的设计方案优化课题设计	2.4	2

续表

目标	课程目标	支撑毕业要求指标点	毕业要求
2	借助文献调研国内外研究现状，并综合与课题有关的制约因素，确定设计方案的可行性并进行评价	3.4	3
3	能够针对毕业设计课题的关键环节，基于计算机编程及相关专业知识开发或选用现代仿真模拟工具进行机械设计、制造及控制过程预测与模拟，并能够分析其存在的问题及局限性，指导课题的实施及推进	5.3	5
4	能在毕业设计的各个阶段，针对毕业设计题目与指导教师、业界同行、专家等进行有效沟通和交流，清楚地表达设计理念、进展和成果，具有合理撰写设计论文的能力	10.2	10
5	能够通过自主学习进行毕业论文和国内外研究现状的调研，对机械工程的发展进行预判。能通过不断学习和终身学习，适应社会和市场的变化，不断改进和优化机械工程问题的解决方案，形成自主学习和终身学习的意识	12.2	12

三、教学内容

教学模块	教学内容	学生学习预期成果	教学方式	支撑的课程目标
一、理论指导阶段	1. 教学内容：根据毕业设计课题的性质和内容，综合四年所学知识进行教学 毕业设计主要有三个过程： 毕业设计选题阶段由毕业设计指导老师提供课题（以企业的实际课题为主），学生选题，或由学生提出课题，经学院同意。 毕业设计论文阶段根据指导教师制定的毕业设计任务书要求，按照时间节点完成相应的内容，包括文献查阅、方案确定、设计计算、建模或软件开发、实验研究、绘制工程图、撰写论文等。 毕业设计答辩环节由学院组织，具有高级职称的教师作为答辩组长，负责毕业答辩流程及检查毕业设计资料的规范性，毕业设计答辩要准备相关文件，答辩结束后学生毕业设计资料要按照规定整理归档。 2. 教学重点： ① 如何正确选题 ② 毕业设计计划安排 ③ 毕业设计指标要求 3. 教学难点： ① 撰写任务书 ② 撰写开题报告 4. 课程思政： ① 爱国情怀——大国重器项目 ② 团队合作、协作精神——团队项目 ③ 工匠精神——精密机械设计项目 ④ 行业认同度、职业规范——校企合作项目	1. 掌握毕业设计选题原则 2. 合理规划毕业设计流程 3. 熟悉毕业设计答辩要求 4. 学习撰写毕业设计任务书及开题报告 5. 学习文献检索、项目调研能力	1. 教师 线上：超星平台、QQ、微信，指导与任务分配，资料交流 线下：针对项目方案与规划进行分析引导，确保项目关键环节推进 2. 思政教学 线上：各种项目设计制造视频资料 线下：结合项目进行以德树人引导，实现以实例引导 3. 学生 线上：观看线上视频资料 线下：结合项目，发掘项目本身蕴含的思政要素，实现项目与德育无缝衔接	目标 3 目标 4 目标 5

续表

教学模块	教学内容	学生学习预期成果	教学方式	支撑的课程目标
二、实验／实践学时（根据课题的需要和安排）	1. 教学内容: 根据项目自行安排 2. 教学重点: 根据项目确定 3. 教学难点: 由项目确定 4. 课程思政: 结合项目挖掘课程思政要素	由项目确定	结合项目确定	结合项目确定
三、上机（根据课题的需要和安排）	1. 教学内容: 根据项目自行安排 2. 教学重点: 根据项目确定 3. 教学难点: 由项目确定 4. 课程思政: 结合项目挖掘课程思政要素	由项目确定	结合项目确定	结合项目确定
四、毕业设计（论文）的结构	1. 教学内容: 结合项目挖掘课程思政要素。一篇完整的毕业设计或论文通常由题目、摘要、目录、引言、正文、结论、参考文献、附录、致谢等几部分构成，除外语类专业外一律采用汉语撰写。 本科毕业说明书的总篇幅包括图表在内（附录除外）一般以1万~1.5万字为宜，最多不要超过2万字；毕业论文的总篇幅一般在1万字左右。 ① 题目。 题目应该简短、明确，要有概括性。让人看后能大致了解文章的确切内容、专业特点和学科范畴。因此要明确、准确、精炼地直接概括描述所研究的主要内容和结果。题目字数要适当，一般不宜超过20字。如果有些细节必须放进题目里，为避免冗长，可以将细节放进副标题中。 ② 摘要。 摘要在毕业设计说明书或论文的主体之前，用中英文撰写，要求参见中、英文摘要说明。 ③ 目录。 显示标题级别最多3级并标明页号。注意目录内容应与正文中的标题相一致，页码相对应。 ④ 引言。 引言也称绪论，说明研究工作的目的、范围、相关领域的前人工作和知识空白、理论基础和分析、研究设想、预期结果和意义等。	1. 掌握论文的主要结构组成 2. 掌握论文主要部分的书写方法 3. 掌握各种论文规范技巧 4. 通过论文书写，学习项目研究的整个流程	1. 教师 线上：超星平台、QQ、微信，论文指导，资料交流 线下：针对项目方案与规划进行分析引导，确保项目关键环节推进 2. 思政教学 线上：针对项目设计收集相关资料和视频 线下：结合项目进行以德树人引导，实现以实例引导 3. 学生 线上：观看线上视频资料 线下：结合项目，发掘项目本身蕴含的思政要素，实现项目与德育无缝衔接	目标1 目标2 目标3 目标4 目标5

续表

教学模块	教学内容	学生学习预期成果	教学方式	支撑的课程目标
四、毕业设计（论文）的结构	应言简意赅，不要与摘要雷同，更不要成为摘要的注释。一般教科书中有的知识，在引言中不必赘述。引言篇幅不宜过长，字数不得超过 3 千字，且不少于 1.5 千字。 ⑤ 正文。 正文的主体是对研究工作的详细表述，可以分章论述。其内容包括：研究工作的基本前提、假设和条件；模型的建立，实验方案的拟定；设计计算的主要方法和内容；实验方法、内容及其分析；理论论证在课题中的应用，课题得出的结果，以及对结果的讨论等。论文中还应加入本研究的经济特性的分析，如投资效率、利润情况、对环境污染情况的讨论等。 ⑥ 结论。 结论是整篇论文的归结，对全篇论文起到画龙点睛的作用，必须单独书写。结论的内容不只是前面实验结果部分已经得出的研究结果的简单重复，而应该有进一步的认识。 ⑦ 参考文献。 参考文献只列出作者直接阅读过、在正文中被引用过的文献资料。参考文献一律放在论文结束后，按文中引用的顺序一一列出。参考文献不能少于 15 篇，包括近三年的科技论文和一定量的外文资料。 ⑧ 附录（或调研报告）。 附录不是必须，内容一般包括正文内不便列出的冗长公式推导、辅助性数学工具、符号说明（含缩写）、计算程序及说明等，也可以是调研报告。附录的内容应有独立的完整性，并应由题目来概括附录的内容。多个附录要按顺序编号，在正文中提到有关内容时要注明参看附录。 ⑨ 致谢。 限一页。对帮助过自己的人表达谢意，不仅是一种礼貌，更是对他人劳动的尊重，是治学者应有的思想作风。 2. 教学重点： ① 论文结构构思 ② 项目设计、分析、建模 3. 教学难点： 由项目确定 4. 课程思政： 根据项目挖掘思政要素			目标 1 目标 2 目标 3 目标 4 目标 5

四、教材与学习资源

课程教材	结合项目，由指导教师指定或学生自选
参考书目	结合项目，由指导教师指定或学生自选
教学条件	线下：学校相关实验设备、机房及办公室 线上：QQ、微信平台、超星平台、腾讯会议

五、教学进程安排

教学内容	课内学时	课外学时	课外学习内容
与毕业设计课题有关的理论教学	14 周 / 实践	14 周	指导教师根据课题确定课题进度与任务要求

六、课程考核

课程目标的评价方式

课程目标	评价环节					
	过程评价（平时）		评阅评价		答辩评价	
	考核内容	分值	考核内容	分值	考核内容	分值
课程目标 1	论文情况	10			问答环节	10
课程目标 2	工作态度	10			自述环节	10
课程目标 3	完成情况	10	其他	10		
课程目标 4	论文情况	10			问答环节	10
课程目标 5	论文质量	10	论文质量	10	自述环节	10

附件：各类考核评分标准表

大纲制定：王新华
大纲审核：丁晓红
制定单位：机械工程学院
制定日期：2022 年 6 月 12 日

附件：各类考核评分标准表

毕业设计评分标准

本课程的考核方面包括：学生毕业设计成绩按平时成绩（包括毕业设计完成情况、论文情况、工作态度）、评阅成绩（论文质量、其他如图纸等）和答辩成绩（自述环节和问答环节）。给分各实践环节按百分制或等级制考核（等级制与百分制成绩转换按优秀：计 90~100 分，良好：计 80~89 分，中等：计 70~79 分，及格：计 60~69 分，不及格：计 <60 分，缺席：计 0 分），各个模块的评分标准如下。

（1）平时成绩完成情况评分标准

平时成绩完成情况得分按 10% 的比例计入期末总成绩。

平时完成情况考核项评分标准

课程目标	基本要求	评价标准 / 分					分值占比	备注
		90~100	80~89	70~79	60~69	＜ 60		
课程目标 5	具有自主学习能力和专业的拓展能力	自主学习与知识拓展能力优秀	自主学习与知识拓展能力强	自主学习与知识拓展能力较强	自主学习与知识拓展能力一般	自主学习与知识拓展能力弱	10%	

（2）论文情况评分标准

论文情况得分按 20% 的比例计入期末总成绩。

论文情况考核项评分标准

课程目标	基本要求	评价标准 / 分					分值占比	备注
		90~100	80~89	70~79	60~69	＜ 60		
课程目标 1	能从影响课题的多种因素中找出影响课题的关键因素，利用合理的设计方案优化课题设计	影响课题关键因素分析科学，正确，设计方案选择正确	影响课题关键因素分析恰当，正确，设计方案选择合理	影响课题关键因素分析较准确，设计方案选择较合理	影响课题关键因素分析基本准确，设计方案选择基本合理	影响课题关键因素分析存在不足，设计方案选择欠合理	10%	
课程目标 3	能对课题各个过程进行预测与模拟，分析其存在的问题及局限性，指导课题的实施及推进	对课题过程进行预测与模拟正确，对课题存在问题及局限性分析准确，指导课题的实施方向正确	对课题过程进行预测与模拟合理，对课题存在问题及局限性分析合理，指导课题的实施方向正确	对课题过程进行预测与模拟较合理，对课题存在问题及局限性分析较合理，指导课题的实施方向较正确	对课题过程进行预测与模拟基本合理，对课题存在问题及局限性分析基本合理，指导课题的实施方向基本正确	对课题过程进行预测与模拟欠合理，对课题存在问题及局限性分析不够，指导课题的实施方向不甚合理	10%	

（3）工作态度评分标准

工作态度得分按 10% 的比例计入期末总成绩。

工作态度考核项评分标准

课程目标	基本要求	评价标准 / 分					分值占比	备注
		90~100	80~89	70~79	60~69	< 60		
课程目标2	借助文献调研国内外研究现状，并综合与课题有关的制约因素，确定设计方案的可行性并进行评价	课题国内外研究现状调研充分，确定设计方案的可行性正确，评价科学	课题国内外研究现状调研充分，确定设计方案的可行性合理，评价合理	课题国内外研究现状调研较充分，确定设计方案的可行性合理，评价较合理	课题国内外研究现状调研较充分，确定设计方案的可行性基本合理，评价基本合理	课题国内外研究现状调研不充分，确定设计方案的可行性欠合理，评价欠合理	10%	

（4）评阅成绩论文质量评分标准

评阅成绩论文质量得分按 10% 的比例计入期末总成绩。

评阅成绩论文质量评分标准

课程目标	基本要求	评价标准 / 分					分值占比	备注
		90~100	80~89	70~79	60~69	< 60		
课程目标3	具有对课题各个过程进行预测与模拟，分析其存在的问题及局限性，指导课题的实施及推进	对课题过程进行预测与模拟正确，课题存在问题及局限性分析准确，指导课题的实施方向正确	对课题过程进行预测与模拟合理，课题存在问题及局限性分析合理，指导课题的实施方向正确	对课题过程进行预测与模拟较合理，课题存在问题及局限性分析较合理，指导课题的实施方向较正确	对课题过程进行预测与模拟基本合理，课题存在问题及局限性分析基本合理，指导课题的实施方向基本正确	对课题过程进行预测与模拟欠合理，课题存在问题及局限性分析不够，指导课题的实施方向不甚合理	10%	

（5）评阅成绩其他项评分标准

评阅成绩其他项得分按 10% 的比例计入期末总成绩。

评阅成绩其他考核项评分标准

课程目标	基本要求	评价标准 / 分					分值占比	备注
		90~100	80~89	70~79	60~69	< 60		
课程目标4	能通过外文文献或行业国内外专家沟通和交流，了解课题最新发展状况与前沿进展，体现最新的设计理念、进展和成果	外文文献阅读能力强，与行业专家沟通充分，课题充分体现行业发展先进设计理念、进展和成果	外文文献阅读能力强，与行业专家沟通充分，课题很好体现行业发展先进设计理念、进展和成果	外文文献阅读能力较强，与行业专家沟通较好，课题较好体现行业发展先进设计理念、进展和成果	外文文献阅读能力一般，与行业专家沟通一般，课题体现行业发展先进设计理念、进展和成果程度一般	外文文献阅读能力不足，与行业专家沟通不充分，课题不能体现行业发展先进设计理念、进展和成果	10%	

（6）答辩成绩自述环节评分标准

答辩成绩自述环节得分按 20% 的比例计入期末总成绩。

答辩成绩自述环节考核项评分标准

课程目标	基本要求	评价标准 / 分					分值占比	备注
		90~100	80~89	70~79	60~69	＜ 60		
课程目标 2	借助文献调研国内外研究现状，并综合与课题有关的制约因素，确定设计方案的可行性并进行评价	课题国内外研究现状调研充分，确定设计方案的正确，评价科学	课题国内外研究现状调研充分，确定设计方案的合理，评价合理	课题国内外研究现状调研较充分，确定设计方案合理，评价较合理	课题国内外研究现状调研较充分，确定设计方案的基本合理，评价基本合理	课题国内外研究现状调研不充分，确定设计方案的欠合理，评价欠合理	10%	
课程目标 5	具有自主学习能力和专业的拓展能力	自主学习与知识拓展能力优秀	自主学习与知识拓展能力强	自主学习与知识拓展能力较强	自主学习与知识拓展能力一般	自主学习与知识拓展能力弱	10%	

（7）答辩成绩问答环节评分标准

答辩成绩问答环节得分按 20% 的比例计入期末总成绩。

答辩成绩问答环节考核项评分标准

课程目标	基本要求	评价标准 / 分					分值占比	备注
		90~100	80~89	70~79	60~69	＜ 60		
课程目标 1	能从影响课题的多种因素中找出影响课题的关键因素，利用合理的设计方案优化课题设计	影响课题关键因素分析科学，正确，设计方案选择正确	影响课题关键因素分析恰当，正确，设计方案选择合理	影响课题关键因素分析较准确，设计方案选择较合理	影响课题关键因素分析基本准确，设计方案选择基本合理	影响课题关键因素分析存在不足，设计方案选择欠合理	10%	
课程目标 4	能通过外文文献，或与行业国内外专家沟通和交流，了解课题最新发展状况与前沿进展，体现最新的设计理念、进展和成果	外文文献阅读能力强，与行业专家沟通充分，课题充分体现行业发展先进设计理念、进展和成果	外文文献阅读能力强，与行业专家沟通充分，课题很好体现行业发展先进设计理念、进展和成果	外文文献阅读能力较强，与行业专家沟通较好，课题较好体现行业发展先进设计理念、进展和成果	外文文献阅读能力一般，与行业专家沟通一般，课题体现行业发展先进设计理念、进展和成果程度一般	外文文献阅读能力不足，与行业专家沟通不充分，课题不能体现行业发展先进设计理念、进展和成果	10%	